航———向
全 世 界

臺灣遊艇王國
的成功詩篇

李伯言

著

理事長序

優雅高貴的遊艇背後，其實是一種勞力密集的傳統製造工業，但也是一種十分講求尖端科技與數位技術應用的產業，更在資本與管理上有極高的門檻，同時還需要具備處理國際情勢與全球行銷的能力。就遊艇產業運作時的特殊性、以及牽涉領域的複雜性而言，國內應該很少有其他產業能相提並論。

追本溯源，臺灣的遊艇產業發展至今可說已過百年，生產的機具材料、設計的理論技術、船用的設備系統等都已經有長足的改良革新；也有日新月異的資通訊科技及交通技術，持續拉進船廠與船主、代理、市場之間的距離。

但回到船廠經營，整體營運仍然仰賴領導團隊攜手銷售端，膽大心細地做出決策；落到現場，也還是需要倚賴每位第一線夥伴的手藝。其實與 1960 年代時，身穿西裝的船廠業務提著皮箱穿梭在國際各大船展、滿身煙塵的廠內師傅在國內手工放樣開模造船，並沒有太多的不同。

因為，其實都一樣是造遊艇的人的故事。

造遊艇，需要各種不同的人、集結各種工藝技術，從非常基層開始，幫每位船主完成每一個獨一無二的夢想。臺灣人本質誠信、踏實，配合靈活而認真的態度，成就了「臺灣遊艇王國」的榮耀。

以歐美為主要市場的特性，讓臺灣遊艇工業，這個集國內製造業精華而大成的產業，對一般民眾而言，總像是蒙上了一層神秘面紗。而對於遊艇業內人士來說，廠內的千頭萬緒，讓知曉當年故事的老董事長與老師傅們，始終沒有時間好好坐下來、理清時序演進，許多關於這些人的回憶與經驗，也就隨著時間而消逝。

今日的臺灣遊艇產業，憑著恆久的積累努力，已在國際遊艇的生態系中打下一片不可或缺的版圖，而國內也在政府與業界夥伴的推動下，開始窺見臺灣未來玩船環境的巨大發展潛力。

在乘風破浪向前航行的同時，我們也不能忘記前人在海圖上標示的航路，鑑往知來，才能明晰所處的當下。透過本書，我們梳理與紀錄臺灣遊艇船廠與五金廠的來由，有第一份正式的官方文件能向世人講述臺灣遊艇產業的歷史脈絡，也期待能讓今日每位造遊艇的人，念起往日、謹記初心，展望下個百年！

臺灣遊艇工業同業公會 理事長

目錄

五金與零配件

前言

1950 年代，淡水河畔的泥土岸，堆滿了造船的木料、鐵件、帆布，河水輕拍著從船寮斜斜延伸到水裡的下水軌道。船寮裡張燈結綵、人聲鼎沸，有人張羅筵席、有人擺放香燭，更多師傅圍著軌道上的木造帆船，忙進忙出、妝點最後的整備，今天是這艘嶄新完工的帆船下水交船的日子。

隨著身穿美軍上校軍服的船主，陪著夫人開心擲瓶、敲破香檳，帶著氣泡的酒液淌流在船艏船殼上，師傅敲開下水軌道上的固定木樁，帆船在圓木上帶著深沉的隆隆聲快速地滑下。從此刻開始，臺灣遊艇造船產業茁壯繁榮、逐步與國際遊艇市場融合，下水的帆船破開淡水河的水面，也開啟了「臺灣遊艇王國」的起點。

1950 年代，
淡水河畔的駐臺美軍

臺灣遊艇產業源於北臺灣沿海及淡水河沿岸的傳統木船製造，包含各類型的漁船、舢舨、手划船等，少許有實力的師傅在淡水河畔設立船寮，是當年北部船艇製造與維修保養的重要基地。

1950 年，美軍在韓戰爆發後開始派駐協防臺灣，更在 1955 年成立美軍協防臺灣司令部，上千名美軍駐紮臺北，帶來的不僅僅是當時臺灣亟需的物資與軍事援助，也直接引入了美國國內的生活方式與流行文化。

當時位於臺北圓山的美軍總部，距離淡水河畔只有短短不到一英哩，下班後常聚於淡水河畔的美軍，對於水邊船寮內的木造船隻十分感興趣，漸漸地也開始認識這些

早年淡水河上舟影點點，聚於河畔提供船隻修造服務的船寮，為臺灣遊艇產業的先驅 / 資料來源：大橋遊艇企業股份有限公司

簡單的木製小船掛上舷外機，就成為美軍在淡水河上享受假期的最佳去處 / 資料來源：大橋遊艇企業股份有限公司

造船師傅、提出各種造船的請求。

一開始只是簡單的小船、快艇、或小帆船，美軍加了舷外機後用來在河上釣魚、滑水、游泳；後來更有將官進一步帶來遊艇的設計圖，簽下臺灣第一艘帆船及第一艘動力遊艇的訂單，而他們委託的船廠，正是大橋遊艇企業、以及陳振吉造船廠的前身。

美軍帶來的設計圖十分詳細、多數也親自到現場與兩間船廠內的陳氏家族造船師傅相互研究，雙方攜手一步一步地將遊艇打造出來，此時的主要的產品多為30 呎左右的帆船。

最初的帆船與動力遊艇多數使用檜木、雲杉、樟樹、龍眼木、櫸木等臺灣原生的珍貴木材，並透過造船師傅運用傳統精湛的木工手藝，表現遊艇優雅精緻的

彎折線條，成就一艘艘至今仍然是眾多船主口中與心中的經典遊艇，也成為後續臺灣遊艇製造產業發展的濫觴。

1960 年代，造船藝術與工業技術的融合

隨著時間推進至 1960 年前後，臺灣木造遊艇事業逐步站穩腳步，但受限於需要處理原木等自然材料的過程，十分講求且考究造船木工師傅積年累月而來經驗與手藝，整體仍非工業量產的本質，規模也尚屬發展初期。

此時自美國導入的玻璃纖維強化塑膠技術（Fiber-Reinforced Plastic,FRP），其可塑性強、質輕而堅、絕緣且耐腐蝕之特性，恰好可取代木料製作船殼、甲板、飛橋等遊艇結構，加上製作模具

早期面對不同的樹種、每根相異的原木，十分仰賴資深木工師傅的手藝與經驗，
讓木材能夠依照線圖呈現遊艇優美的線條 / 資料來源：興航實業股份有限公司

後，可快速大量複製，輔以五金零配件製作技術逐漸成熟，快速的促進臺灣遊艇產業正式進入大舉發展之階段。

FRP 造船技術進入臺灣造船業界，大幅度地改變了原有的產業生態，隨著遊艇量產技術的實現以及人才供給因產業發展而穩定，遊艇船廠開始開枝散葉，沿著淡水河向外發展，像是八里的大橋遊艇企業與亞美造船、社子的陳振吉造船廠、獅子頭的建華造船工業、以及到三芝發展的克成企業等。

此外，FRP 所需的樹脂與玻璃纖維毯，主要由高雄港進口或於港區週邊工業區生產製造，加上當時南臺灣各工業區開發、土地成本低廉，也開始有船廠在南部出現，例如：臺南官田的統一遊艇、與建華造船工業為兄弟企業的中華造船、以樹酯製造起家的大立高分子等。

臺灣的遊艇產業規模從此擴大，由歐美品牌代理的 MIT 遊艇漸漸地登上國際船展的舞台。受到物美價廉的臺灣遊艇吸引的，不僅是歐美廣大的船主客群，此時期也有無數的船舶設計師來臺尋求與遊艇船廠的合作，追求造船的夢想、也尋覓揚名立萬的機會。

1970 年代，
「遊艇王國」光榮確立

1960 年代的產業規模開展，讓臺灣遊艇產業在 1970 至 1990 年之間，進入一波近二十年的高度成長時期，可說是臺灣遊艇產業最輝煌的篇章，「遊艇王國」的稱號也是於此時開始光榮確立。

此時的遊艇仍多以帆船為主，然尺寸進展到 50 至 70 呎之間，也開始建造 40 至 60 呎的動力遊艇，每年的遊艇單價不斷攀升，出口量也持續創下臺灣紀錄。

在 1970 年代時，遊艇船廠如雨後春筍般設立，在北部地區依然以淡水河沿岸延伸至北海岸為主要聚集之處，像是八里的大舟、寶島、海鷗；淡水的信興、信發、群友；三芝的乙航、南海、海宮等。桃園與基隆的等地區也有船廠前往投資設廠，例如：落腳桃園的現代造船、碧海、福華、興航等，以及創立於大武崙工業區的金山造船等。

同時間的臺灣中南部，也有許多與造船相關的業者、看見遊艇產業火熱的投資人，加入遊艇建造的行列。像是大橋與新高造船廠共同成立大洋遊艇、原從事木業的嘉信遊艇、以建築與合板製造為本業的有成實業等，還有以漁船商船起家的大新遊艇、新昇發造船等。其他尚有先國享、超特、富誠、連雄、合興、聯華實業、東哥、沿昌、奎隆等，甚至也有延伸到屏東萬丹與新園的同華工業及元三綜合工業，都是當時南部船廠蓬勃發展的代表。

臺灣遊艇工業同業公會也是於在這個時代背景下，順應整體產業製造需求以及特殊性，由寶島遊艇的陳春煙董事長聯合其他七家遊艇製造廠於 1980 年成立，並選出苗育秀（聯華）擔任首屆理事長，常務理事為陳春煙（寶島）、李永法（建華）、苗育秀、曹開諫（同華）、陳俊雄（先國享）、張海山（碧海）等，常務監事則是陳煌輝（陳振吉造船廠）。

1960 年代開始，臺灣成為全球船主與設計師的夢想之地。當時，許多船東是攜家帶眷來臺訂船、監造、驗船，完工後由基隆港下水再航行回到自己的國家 / 資料來源：王壯猷總經理（CY Wang）

1970 年代臺灣遊艇產業蓬勃發展，許多相關業者開始投入；像是原本從事木業的嘉信，即在原有貯木池上搭建簡易船屋供遊艇下水施工測試，開始加入遊艇建造的行列 / 資料來源：嘉信遊艇股份有限公司

公會會員關係緊密，許多都是早年同在第一線打拼的夥伴，還曾組團前往中、泰、菲、越等地考察。照片為當年時任公會理事長的阮振明董事長，率團前往中國參訪時合影留念 / 料來源：黃益利董事長

1980 年代，臺灣遊艇產業的開枝散葉

進入 1980 年代，原有船廠隨著經營規模擴大，股東與管理階層嘗試重組或合併，加上不少歷練成熟的船廠管理階層、船舶工程師、驗船師、第一線領班課長等覷準了機會自立門戶，有更多的遊艇船廠爭相設立。如此發展也直接地帶動出口量與年產值屢創新高，1987 年出口艘數可達近 1800 艘，年產值則於 1988 年達到高峰，逼近 2 億美元。

此時北部地區有海洋造船、唐榮、巨星、海鷹、遠東、旭航、大帆等設立，臺中有安利遊艇工業、臺南也有國瑞、人冠、福聯、松林等出現；但整體重心已順應土地空間、原料供應、高雄港利於出口等優勢移往南部，以小港為中心向大寮擴散，像是志旻、展海、東締、慶利興、先啟、海殷、京舫、大弋、隆洋、啟億、圭鴻、嘉鴻、大瑞、禾勒、強生、海德、冠昇、亞港等都是 1980 年代設立的代表船廠。

除了遊艇船廠，支援船廠的重要夥伴—船用五金製造廠商，透過製造技術的精進，慢慢開始於國內成立，例如立春實業、宏昇螺旋槳、海灣遊艇事業、英舟企業、銘船機械、緯航企業、般若科技、快滿柴油機設備、日昇船舶科技、煌翔企業、宏昌遊艇事業（瑞孚宏昌）等，是逐漸打破原本多數船用零配件需從國外進口的重要推手。

有別於僅擅長為國外品牌代工的既定印象，於代工基礎上，諸多臺灣遊艇船廠已具備純熟的造船與生產技術、甚至是設計實力，也佈建了深入歐美的銷售網絡，建立了自己的品牌，其中不少經典船型與五金配件，至今仍是歐美船主津津樂道的閒暇談資。

Don Miller（中）是臺灣遊艇產業起飛時，非常重要的美國代理商，曾向克成、寶島、海宮、金山、聯華、中華、建華、福華、先啟、沿昌、展海等船廠訂購近千艘遊艇。照片中為時任公會理事長的苗育秀董事長設宴慶祝 Don Miller 的第 100 次來臺，左為金山造船許金鐘董事長、右為時任船東代表的王壯猷先生 / 資料來源：王壯猷總經理（CY Wang）

例如大橋與大舟 CT 系列、大洋 Tayana、大新 Tashiba 及 Taswell、統一 President、東哥 Ocean Alexander、巨星 Novatec、強生 Johnson、人冠 Dyna、海殷 Hi-Star、嘉信 Monte Fino、南海 Bluewater、海宮 Transworld、奎隆 Hylas、以及宏昇螺旋槳的 HS 紅葉標誌等，都是在 1990 年之前就創立的遊艇產業品牌。

後續尚有嘉鴻 Horizon、新洋 New Ocean、興航 H. Yacht、緯航 ARITEX、般若科技 Solas、宏昌 Faster 等，都是設立超過 10 年以上、且全球知名的重要品牌。

1960 年代後的遊艇船廠尾牙，總是坐滿了來自歐美的船主、遊艇設計師、以及代理商，與廠內師傅把酒言歡，是早年戒嚴時期少見的景象 / 資料來源：王壯猷總經理（CY Wang）

1990 年代，
內外夾擊的風雨飄搖

臺灣遊艇產業因過去發展脈絡，來自於美國市場的代理與船主是最重要的訂單來源，加上當時的遊艇以物美價廉、數量取勝為主，因此美元兌臺幣的匯率成為決定整體收益的關鍵因素之一。

1985 至 1990 年代初期之間，臺幣因國際情勢與兩國政經關係強勢上漲，匯率從原本 1 美元可以兌 40 元新臺幣，一路下滑至僅能兌換約 25 元新臺幣，苦了產值近百分百出口的遊艇產業，短短五年之間，利潤減少了近四成。不僅如此，主要出口對象的美國，於 1991 年由老布希總統（President George H.W. Bush）頒布了奢侈稅，針對超過 10 萬美金的遊艇多課收 10% 的稅金。於此同時，國內

在 1984 年實施《勞動基準法》，規定企業需溯及既往提撥勞工退休準備金，讓許多已有近半世紀歷程、擁有眾多資深老員工的船廠經營更加困難，整體情勢雪上加霜。

雖然美國奢侈稅於 1993 年取消、匯率也逐漸穩定，但國內原本超過百間的遊艇船廠，多數將公司工轉為包工制度、暫停廠內業務或甚至停止經營，出口數量也一路下滑，在 1994 年產值觸底、年產值僅約 7000 萬美元，是 1980 年代全盛時期的三分之一。

當時的遊艇船廠為求生存，有的選擇跨海至對岸設廠，也有擴大廠內的業務範疇，順應市場以動力遊艇為大宗，並承造相對單純的交通船、觀光船、海釣船等，以及投標政府的巡邏艇、巡防艇的建造標案等，以維繫金流。

1993 年杜塞道夫遊艇展中，Phönix-Boots-Börse GmbH 的 創 辦 人 Roland Rieger（中）與時任船東代表的王壯猷（左二）、冠昇遊艇許詩坤總經理（左一）、以及金山造船許經賢經理與余小姐合照。Roland Rieger 為當年重要歐洲代理，曾向臺灣購買近百艘遊艇，巨星、興航、海宮、金山、大帆、海殷、冠昇等都是合作船廠 / 資料來源：王壯猷總經理（CY Wang）

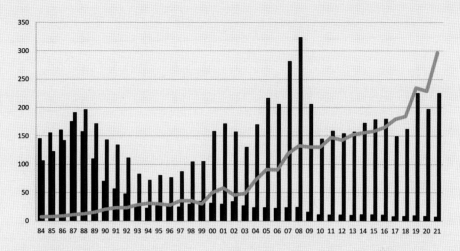

臺灣遊艇產業的產值在 2008 年時達到巔峰，但接踵而來的金融風暴為船廠帶來極大的挑戰 (綠色線條為單價 - 萬美元、紅色線條為產值 - 百萬美元、藍色線條為產量 - 艘數 /10) 資料來源：財團法人船舶暨海洋產業研發中心

同時，有鑑於美國市場的窒礙難行，船廠開始多元化廠內的銷售渠道，轉向歐洲、日本、香港等市場，甚至還有船廠反向藉著臺幣升值的優勢，前往美國併購船廠建立據點。

有別於早期的量產船型，此時的遊艇走向高度客製化、精緻化、大型化、獨特船型的高附加價值路線，尺寸也開始突破百呎，逆勢中以原有的技術硬底子加上數十年累積出來的經驗，發展成為全球市場中，專責製作中大型客製化豪華遊艇的重要生產國家。

2000 年代，
盛極後的海嘯浪潮

1990 年代中後的產業轉型，積累了能量讓臺灣船廠在 2000 年代再次發光發熱；

雖然當時的年產量僅是 1980 年代的五分之一，但平均每艘單價是過去的十倍、上看 150 萬美元，帶動整體產值於 2005 年再次突破 2 億美元、並於 2008 年達到最高峰的 3.2 億美元。

此時的遊艇船廠因應自身發展脈絡與優勢，分別走向集團化、多品牌合作代工、主打獨特船型、多元化經營等方式。當時也有許多新的船廠設立，例如：宏國、鴻鎰、新海洋（新洋）、宏海等，正是因應不同的市場需求應運而生。

然而，2008 年次貸危機後的市場劇變，為臺灣遊艇船廠帶來另一次全面性的挑戰，2010 年整體產值滑落至僅約 1.5 億美元。相較過去，當時的船型尺寸更大且單價更高，無法像過往以數量分散風險，加上頂級客群愈趨保守，也越來越傾向購買可以直接在現場參觀的庫存

船、並講求品牌光環與售後服務，使得整體情勢更加艱難。

大環境的不景氣以及從根本改變的銷售方式，讓臺灣原本多數配合代理接單生產的遊艇船廠必須再次調整進化。其中，部分船廠藉此機會從代工轉向品牌創立；部分拓展合作品牌，納入更多訂單來源；部分則因生產船型獨特，於風暴中謹守船廠營運，後續船主自然回流；也有部分整合生產、銷售、設計，透過計畫性生產的方式，應對變化更快速的市場。

2010 年至今，
內斂耀眼的圓潤成熟

08 年風暴趨緩，各家遊艇船廠營運漸進恢復、船主與訂單回流，慢慢形成今日的產業樣貌。依據船廠發展脈絡，各家船廠建造的船型以 60 呎至 130 呎的動力遊艇為主，並綜合制定推行全球品牌、大型集團化、轉換市場重心、技術革新研發、強化與代理商關係、主打獨特船型、提供全方位遊艇服務等發展策略，於市場中定錨。

時至近年，臺灣遊艇產業年產值再次突破 2 億美元，遊艇的平均單價也屢創新高、於 2021 年達到 300 萬美元。根據全球遊艇權威雜誌 BOAT International 每年的統計數據，以超過 80 呎超級豪華

遊艇的建造總長度而言，臺灣近年穩居全球前五，國內數間代表性船廠更是長年排名全球前二十的一方之霸。

近年因 COVID-19 疫情爆發後，雖然曾讓遊艇產業短暫地放緩腳步，但隨著各國隔離封城與國界封鎖的政策命令頒布，搭乘遊艇出海可同時享受旅遊也遠離人群，反而成為全球富豪的第一首選，直接地促使大批二手船、庫存船快速消化，更帶起一波訂船熱潮。

在疫情加上各國的紓困措施等各方推波助瀾下，目前許多國內船廠的訂單，都已經排到 2023 年之後，為臺灣船廠帶來一波長遠且強勁的成長，後續發展可期。

在國際發光，於國內沉潛

雖然「Taiwan」於國際遊艇市場中廣為人知，但礙於幾乎全部外銷、以及我國戒嚴以降的海洋與海岸封鎖措施，早年愛好者多以帆船委員會或船艇俱樂部的形式，以運動、海釣、賞鯨等名義尋空隙生存。一直到了 2010 年代左右，我國政府制訂船舶法中的遊艇專章與相關規則，才讓遊艇活動能有法源依據能夠扎根。

國內普羅大眾實是到了 2014 年的首屆臺灣遊艇展，才從大量曝光的媒體中，

真正開始認識臺灣的遊艇產業。後續也帶起相關客群與投資者投入，讓整條產業鏈中的遊艇碼頭、船艇租賃、會所服務、品牌代理、遊艇管理、遊程規劃等服務產業開始發展。

2019 年後，COVID-19 疫情下的各國邊境管制，讓臺灣國內旅遊蓬勃發展，而在這無法出國的日子裡，最接近出國的旅遊方式可能就是出海了，顯著地帶動臺灣南北遊艇服務業的發展，也促進國人對於我國遊艇產業的認識。

事實上，臺灣的遊艇產業早在 1976 年，就已經舉辦第一次的遊艇展，展覽位置還是在現在的中正紀念堂，並有 10 艘遊艇參展。走在歐美各大船展，身處綿延數公里的浮動碼頭、上千艘豪華遊艇展出陣容之中，臺灣的遊艇品牌、以及與國內船廠合作之代理商所展售的船隻，數量之多甚至可以多到直接占據部分展區與浮動碼頭，讓許多船主、代理商、以及臺灣船廠代表戲稱其為「臺灣街」。

1976 年首次臺灣遊艇展，由外貿協會於現在的中正紀念堂主辦，共有 10 艘遊艇參展，包含大橋、寶島、建華、中華、大洋、合興等船廠。照片中為當時最具代表性的船廠之一，寶島遊艇的陳春煙董事長（中）與夫人（左二）、王壯猷經理（右二）、以及當時美軍顧問團駐台協防司令 Edwin K. Snyder 將軍（左一），在展場內合影 / 資料來源：王壯猷總經理（CY Wang）

文獻回顧

綜覽國內針對臺灣遊艇產業的專書與研究其實並不多,多數為論文或研討會文章,探討商業模式與策略、碼頭經營與規劃、遊艇服務內容、法規管理制度等。而說到在遊艇業界扮演技術、設計、測試、研究、乃至於長期紀錄的重要角色,實為財團法人船舶暨海洋產業研發中心。

該中心前身為聯合船舶設計發展中心,業界人士簡稱「聯設」,於 1976年成立,長年協助船廠開發船模、設計甲板與內裝、建置船內操控系統等,並扮演了新技術研發與導入的重要角色;此外,該中心的研究領域也包含了紀錄遊艇產業之發展,在其發表的各項研究以及各期《船舶產業年鑑》多有詳細記錄了遊艇產業的轉變,不過其重點在於造船技術與產業特性之發展,對於各家船廠發展之淵源的論述較少。

真正以遊艇產業發展歷史為討論重心之研究,首先當屬陳政宏與黃心蓉於 2010 年受國立科學工藝博物館委託所執行之〈臺灣公營船廠船舶製造科技文物徵集暨造船業關鍵口述歷史委託研究〉[1],記錄了陳振吉造船廠創辦人陳振吉董事長、以及大橋遊艇陳奇松董事長的口述歷史,詳盡地描繪了 1950 年代遊艇產業的起源與後續軌跡。

除此之外,最相關的研究為陳振杰於 2012 年完成的博士論文《臺灣遊艇產業發展脈絡之研究》[2],透過文獻分析與深度訪談,詳細的記錄了臺灣遊艇產業由北發跡、向南擴散、一路走過 1990 年前後臺幣升值、2008年金融風暴的歷程,並討論了發展脈絡、技術移轉、船型變化、以及經營策略在此半世紀的轉變;以此為基礎,陳振杰與吳連賞也陸續發表了相關研究[3,4]。

---

1 陳政宏、黃心蓉(2010)。〈臺灣公營船廠船舶製造科技文物徵集暨造船業關鍵口述歷史委託研究〉,《國立科學工藝博物館委託之專題研究成果報告》。高雄市:國立科學工藝博物館。

2 陳振杰(2012)。《臺灣遊艇產業發展脈絡之研究》。國立高雄師範大學地理學系博士論文,高雄市。

3 陳振杰、吳連賞(2014)。〈臺灣遊艇產業轉型之研究:基於路徑依賴理論觀點〉,《正修通識教育學報》,11,109-133。

4 陳振杰、吳連賞(2015)。〈高雄遊艇產業群聚網絡創新之研究〉,《地理研究》,62,1-24。

不斷接近真相，留下歷史的紀錄

前述各項研究皆對於本書啟發甚深，但目前文獻仍多以遊艇產業之總體而論，而非記錄各家船廠與船用五金廠的創設脈絡與發展故事。然而，臺灣遊艇產業發展至今已近百年，諸多珍貴回憶與歷史，已然隨許多業界前輩與師傅飄散而失落。

有鑑於此，本書透過與超過 50 位船廠的創辦人、代表、以及資深前輩深度訪談，記錄了 19 間遊艇船廠以及 5 間船用五金廠的發展故事，透過不同的第一線視角，為臺灣遊艇產業發展至今的燦爛旅程，留下珍貴的歷史紀錄。

本書需要感謝臺灣遊艇工業同業公會於經費、資料、以及聯繫上提供最大的協助，是重要寶貴的基石；也應誠摯地感謝接受訪問與提供史料的每位船廠與五金廠的創辦人及相關代表，願意分享訴說早先奮鬥的故事以及近年經營掌舵的心得，本書才得以圓滿。

追尋與記錄歷史，是一段永遠在接近事實、但卻永遠無法觸及真相的遠征航行，因為過去真正的歷史人物與事件，會因為個人觀點與史料缺乏等因素，而有一定程度上的偏誤與不盡如此。然而，這並不影響本書的初衷。

在嘗試登上真相彼岸的撰寫航程中，深深感受臺灣遊艇產業中那鮮為人知的驕傲與惆悵；本書的完成只是一個起點，關於船廠、船、五金、以及造船的人，還有數不盡的故事可以訴說，有待更多夥伴登上這艘長征遊艇，一起來發掘。

專業遊艇制製造

PART1

造船渡人，亦是渡己 與世界共同成長

「大舟」就是一艘大船，造船表面是幫客戶圓夢，實也是替自己結下善緣。大舟企業撐起了臺灣遊艇王國的美名，也歷經了數次營運危機，然而關關難過關關過，在遊艇產業中少見的女性接班人的帶領下，積極由造船廠轉型為海洋休閒與船艇服務產業，在大海上乘風破浪，也將家族無價的精神理念永續傳承。

造船世家開枝散葉，堅守父執輩堅毅精神

為了因應大橋遊艇業務量增加，大舟企業股份有限公司最初於 1972 年成立。從大橋遊艇開枝散葉而出，創立之初恰好是大橋遊艇集團最輝煌的時期，當時大舟遊艇場地大，因此較大型的帆船多數在大舟廠內製造，兩間船廠師傅加起來超過 200 人、每年出口數十艘遊艇。

大舟企業的第一任董事長，是大橋遊艇創辦人陳添枝的二兒子陳上川先生，傳承了陳氏家族精湛的木工與造船手藝

chapter

01

大橋與大舟的陳氏家族第合影，由左至右分別為老四陳文淵、老二陳上川、大堂哥陳加智、父親陳添枝、老大陳朝讚、老三陳奇松

大舟企業第三代的三位姊妹，從小在船廠內長大，與師傅們一起生活、與木材五金一起遊玩，左為董事長陳麗玲、中間為董事陳瓊駕、右為總經理陳梅華

早期大橋將船寮設於大龍峒，主要因為上游有萬華、大溪、新店等木材的集散與供應地，後來隨著用量增加，甚至還要去緬甸挑木頭進口。每根買進大橋和大舟的木材，因彎曲角度、部位等都有獨特的用法。

「以前師傅要是裁切木頭錯了，我阿公（陳添枝先生）就會非常生氣，因為浪費了這根木材。我們有一個阿公的銅像，下面的字就是『惜材思源』，意味著每棵樹與每根木材都值得尊重與完善的使用。」大舟遊艇董事長陳麗玲感性地說。

大舟遊艇現任董事長陳麗玲和總經理陳梅華，是大舟遊艇創辦人陳上川的女兒，若從祖字輩陳水源溯源，她們已經是陳氏造船家族的第四代。從小就在大橋船廠長大，在船模與船艙裡躲貓貓、把電纜當成平衡木來玩，都是她們的童年日常。

當年船廠內還設有原木陰乾的場地、製材部，以及專門鋸木大剖的工班。因為當時造船的技術起源是木工，從木造

船的船殼與內裝開始，之後才陸續加入新的材料與設備，工種也慢慢拆分出化工、電工、漆工、五金等。

而早年做遊艇除了跟著設計師的圖面施作外，也要自己嘗試摸索。舉例來說，特定設備的安裝，得跟供應商學習相關技術；又或者當船主沒有辦法來討論監工時，至少要把那艘船做到符合船主在預計使用水域裡的認證規範。

與全世界客戶交朋友，逐漸打開歐美市場

大橋與大舟網羅也培育了許多國內外的造船工程師，再配合現場師傅的經驗，把一艘艘的船打造起來，累積了一定技術能量與經驗後，便能對應不同的造船與船主客製化需求。

大橋與大舟也會主動向歐、美、日等國家，學習新的技術。例如，當時會把材料送到美國檢測確認彈性、韌性、防水

性等細節後，才用到遊艇上；也曾邀請日本竹內化成株式會社的 FRP 專家來教導師傅製造船殼的技術。

陳麗玲回憶起那段過往表示：「當時竹內化成株式會社的社長竹內先生還有派三位日本技術人員來指導，就直接住在我們家很長一段時間，FRP 的技術才逐漸成形熟練。」

爾後，大橋與大舟的 CT 帆船系列逐漸在美國打開知名度，當時最大的代理商是一位在德州的 Don Gibson，成名後也陸續拓展到歐洲的德國、荷蘭和亞洲的香港，那時香港的代理商正是現今亞洲大型遊艇銷售與租賃服務公司 Simpson Marine 的創辦人 Mike Simpson。

大舟遊艇總經理陳梅華還記得，Mike Simpson 向大舟買了船後，回去停在碼頭，竟然有其他船主願意出更高價向他購買，因此他又回來訂了一艘，整個代理業務也因此慢慢做起來。

大舟企業為大橋遊艇的兄弟企業，因場地較大，當年多負責承造尺寸較大的帆船，例如：經典 72 呎 Scorpio 72 帆船等

大舟企業推出的帆船系列中，最大的船型就是 72 呎的 Scorpio 72

早年建造遊艇的過程中，船主通常會來臺與船廠一起將自己的夢想建造完成，在當年較為封閉的年代，是大舟遊艇與全世界交朋友的重要管道

早期訂船的船主很多是懷抱航海夢想的人，把帆船當作自己的家，甚至造船的時候會住在船廠，親自與師傅共同將自己的「家」建造完成。對大舟遊艇來說，造船就像和全世界的人交朋友，充滿各式各樣有趣的經驗。

「船廠內常有外國人，甚至每年都有不同國家的人跟我們一起過年。我還記得我爺爺他根本不會英文，但他會帶著住在船廠的荷蘭船主一起去北投洗溫泉，那個荷蘭人回去後還會寄 Blue Cheese 來，小時候只覺得好臭！」陳麗玲笑著回憶。

潛藏危機的機會，
埋下日後分家的根源

然而，走過那段光輝燦爛的歲月，到了1990年代的臺幣升值危機，大舟也只能和大橋一同尋找出路。除了原本的造船業務外，開始承攬船隻維修與改裝業務，也更主動地拓展歐美以外的市場。

當時有一個案子，讓陳麗玲印象非常深刻，「有一位日本黑道大哥在國外買了一艘120呎的空殼半成船，拖來請大橋和大舟幫忙，我還記得我父親和叔伯們非常辛苦，要把那艘巨大的船體弄上架。這位大哥也很有趣，來臺灣都是搭私人飛機，付錢也都是整個手提箱的現金，跟我父親關係非常密切，後來我父親過世時，他還專程來臺灣致意。」

由於訂單減少，加上代理商逐漸凋零，大舟和大橋為了生計必須多角化經營，因此承接了許多豪華海釣船、觀光船、高速快艇、巡邏艇等其他船種。過往建造帆船的經驗，讓大橋與大舟順利轉入新船種的製造和動力船的市場。

為了因應客戶與市場需求，也投入新技術開發，像是高速艇搭載的半潛水式伸葉，並將克維拉或碳纖維融入在船殼積層中。

隨著製造動力船技術累積，名聲也逐漸傳播開來，推升大橋和大舟在1990年代慢慢走出一條新的道路，廣泛接觸到許多新的客源。

「當時還有客戶委託我們造所謂的『黑金剛』，我們技術很好，做的船又輕又快、可以跑40幾節，海巡的船根本追不上，後來乾脆在岸上等。」陳梅華談起這件事仍記憶猶新。陳麗玲也笑著補充，「後來海巡乾脆也來找我們做，所以有一陣子是黑道跟白道同時在我們船廠裡面互別苗頭！」

不過，誰也沒料到，曾經以為的轉機，竟然帶來了危機。之後大舟和海巡署在7艘60噸級巡邏艇計畫中起爭執，雙方打起官司，也直接導致了陳氏造船家族決定從此分家。

回想起那段過程，陳麗玲仍感到有些忿忿不平，「當時連船都還沒開始造，海巡署就說我們的設計達不到合約內所要求的節數，還不准我們開工，但我說至少讓我們做做看，做不到合約也有罰則啊！」

而陳麗玲和陳梅華雖然是女生，在以男性為主導的造船產業中，最後還是獲得參與財產分配的權利。當時她們的母親抽到大舟的後續經營權，一開始她覺得既然全家都是女生，不如將公司交給其他人接手，然而與海巡署打官司的正是大舟，燙手山芋根本沒有人想碰，陳麗玲和陳梅華因此意外走上接班之路。

女性傳承接班，
迎來事業全新氣象

「大舟就像一般大船，以前我們姊妹只是船員，結果今天突然大家都跳船了，還叫我當船長去掌舵……，但我們責無旁貸，必須把公司接下來。」陳麗玲說，兩人雖然就學時期到畢業後都在廠內實習、幫忙，但接下大舟後就像重新創業，最初不僅沒訂單還要處理訴訟，身邊的師傅也都離開了。

一時間偌大的廠房只剩下孤單的兩姊妹，最後是她們的母親把私房錢拿出來，資助大舟找人整理場地、建設廠房，才度過初期的難關。

幸運的是，附近的漁民還是會來找大舟修船、下訂單，也讓大舟有經費得以再次聘任以前的水電班長陳志福來擔任廠長、以及其他老師傅們；而過往累積的國際人脈，也帶來了新的機會，以前的船主和客人觀察到，即使大舟建造的只是漁船，仍一樣拿出做遊艇的技藝與堅持，讓他們對大舟重拾信心，慢慢地開始下給大舟新的訂單。

Olympia 76 可說是大舟企業當年起死回生的重要關鍵，也是陳麗玲董事長與陳梅華總經理的人生轉捩點

在那段艱苦的初創時期中，最主要的轉捩點，是一位當時日本身價前十名的企業家，前來再次委託大舟造船。這位企業家的老家位於琉球，他從小就對海洋和水域運動情有獨鍾，也曾來大舟拜託陳上川造船，再次委託大舟造船，是為了訂製他的夢想高速遊艇。

這位船主自己聘了一位船舶設計師，送他去全世界船展觀摩，再住進大舟工廠，與陳麗玲、陳梅華和師傅們花了一年的時間完成設計圖，接著才開始造船，之後這艘可達 40 節以上超級性能、

兼具豪華精緻內裝的 Olympia 76，也成為大舟當代的代表作。

從 Olympia 76 開始，大舟陸續發展其他船型，例如 2007 年開發、建造由澳洲知名遊艇設計師 Peter Lowe 所設計的 Aquabay 70，後繼的 Aquabay 70FB 也在 2015 年首創完工後直航中國。

在這之後，北部船隻前來維修改裝的業務日漸鼎盛，大舟營運逐漸穩定下來，轉而開始開發國際觀光遊艇的業務。因大舟過往建造 Scorpio 72 時期時，就有

33 呎的 Aquasense 動力遊艇至今仍然是臺灣少數的油電混合動力 Hybrid 遊艇，嶄新的動力系統配上大舟百年積累的造船手藝，實是海上奔馳的藝術品

船主要求以租賃遊艇（charter）為目的的 Turnkey Boat（拿了鑰匙就可以出海），因此對觀光旅遊船的需求和製造十分了解。

憑著扎實的經驗和造船工藝，大舟除了協助國內業者建造豪華海釣船、賞鯨船等，也順利與澳洲黃金海岸旅宿業者以及普吉島的 Twinpalms Resort 合作建造觀光船，用來招待全世界高端旅客，成功協助當地業者建立口碑，後續客戶也再次訂船。

這樁合作案讓大舟在旅遊觀光遊艇建造的領域打響名號，開始有客戶委託製作旅宿用途的遊艇，例如 33 呎的 Aquasense 動力遊艇，正是亞洲頂級度假旅宿集團「Six Senses」委託大舟製造，並與 Simpson Marine 以及船舶中心攜手合作，再由長岡機電提供油電複合動力引擎，是現在市場中少數 Hybrid 遊艇，用來往返旅館中的小島。

挺過重重考驗，
轉型海洋休閒產業

時至今日，大舟發展出以造船、維修、重新裝潢為主業的營運模式，並以國內、日本、澳洲、東南亞為主要市場。此外，由於大舟位處大臺北都會區的特殊性，也讓他們決定逐步推展遊艇碼頭的服務與教育等相關業務。

不過，雖然擁有國內船廠羨慕的臨水土地、以及下水停船碼頭，表面看似擁有豐厚的資源，背後大舟與大橋卻共同面臨了許多挑戰，同時也付出許多代價。

早在 1970 年代大橋與大舟已經開始使用船廠後方的臨水土地，自費建造浮動碼頭提供試船下水和遊艇停泊，到了 2000 年左右，臺北縣政府卻將河岸土地列入管理，並劃設左岸自行車道，沒有尊重已在此近半世紀的業者，協調規劃以遊艇為特色的水岸風景。對此，大橋與大舟只能配合，繳納每年百萬以上的土地租金。

土地爭議平息後，更讓人頭痛的河川用地使用問題接踵而來。2013 年前後，一位媒體記者寫了一篇關於私人佔用淡水河興建碼頭的新聞，報導驚動了調查局前來搜查，甚至還扣押大橋、大舟、大橋舟的三位董事長將近一整天。

陳梅華無奈地說，「當時還在陳情和訴訟階段，但有關當局就已經搬來消波塊圍住碼頭和下水道，不讓我們使用。」之後透過多方交涉協商，大舟和大橋才與政府達成協議，以每年上百萬元的費用承租土地，而相關維運事務，例如漂

流垃圾清運、淤沙等問題，也都要由他們自行負責。

這艱辛多阻的過程，實非外人能想像。所幸危機就是轉機，近年大舟遊艇跨足海洋休閒服務，並增加遊艇管理、遊程規劃等服務，除了停泊的遊艇會委託大舟協助規劃臺灣附近海域遊程，以及幫忙聘僱船長水手外，也開始有業界夥伴與大舟合作，借用浮動碼頭辦理試船、教學體驗、證照認證等活動。

後來陳梅華也親自投入了帆船航海與競賽，她興奮地表示，「以前造帆船有很多跟爸爸去河上試船的機會，但自己坐上帆船、掌舵，那份乘風破浪的感覺至今讓我無法忘懷！」

因此，大舟在 2016 年成立臺北遊艇學院，並通過英國皇家遊艇協會 RYA 認證，是臺灣第一間 RYA 認證的國際證照核發訓練中心。同一時期，大舟也開啟了遊艇休閒服務事業，跨出船艇製造領域，提供私人遊艇假期與遊程規劃訂製服務，以一站式的親水休閒概念，打造全新的海洋娛樂空間和海洋生活。

傳承了家族堅實的技術與誠信經營哲學，陳麗玲和陳梅華融合了創新思維，讓百年造船事業有了全然不同的面貌，不僅持續乘載船主的夢想、推升臺灣遊艇產業向上，也走出了一條屬於自己的航路。

一如近年推展的遊艇服務產業，大舟企業打造、目前在澳洲航行的 70 呎遊艇
Aquabay 70，也是對海洋生活熱愛的展現

造船藝術
傳承日本匠人精神的

—— Ta Shing Yacht Building Co., Ltd.
大新遊艇股份有限公司

簡潔秀氣的白色外觀、典雅而厚實的設計，馳騁於海面上的豪華遊艇猶如一件件精美的藝術品，在陽光下熠熠生輝。半世紀來，大新遊艇以精湛造船工藝和領先科技技術聞名，即使歷經多次轉型，深深刻進骨子裡的日本匠人精神，訴求卓越質感和精緻細節是企業歷久不衰的最大價值。

從木製漁船出發，
日本背景牽起建造遊艇契機

談起大新遊艇，很多人不曉得，它的前身其實是位於臺南市安平區運河星鑽計畫地區的新生造船，而新生造船的起源則是日治時期留下的須田造船鐵工株式會社，光復後由國民政府接收並交由臺南市漁會託管。

因緣際會下，漁會有意脫手須田造船鐵工株式會社，大新遊艇創辦人阮振明當時正好是漁會的課長，看準了背後的趨勢和機會，阮振明便邀集了幾位運河沿岸的在地仕紳，共同集資接手，成立了新生造船。

大新遊艇承造的 Nordhavn 主力 68 呎船型

chapter
02

1975 年新生造船時期承造外交部贈巴拿馬政府之友誼號漁船

新生造船最初以建造漁船為主,初期生意非常好,造船用的還是臺灣檜木為主,並以龍眼木、相思木為輔。後來政府意識到檜木市場的經濟價值,因此逐漸限制開發,檜木的價格也進而提高。

木材成本增加帶來壓力,不過卻也成為一個助力,促使新生造船 1959 年從日本導入 FRP,做為造船的主要原料和技術,並在 1960 年成功製造出第一艘 FRP 漁船,是臺灣當時造船領域的領先者之一。

隨著 FRP 技術純熟,新生造船開始承攬各類型船隻的設計與建造,例如水庫巡邏船、交通船、港口巡邏快艇、漁業研究船、外交部外援漁船等。

「過去臺灣在 1975 年贈送給巴拿馬的 FRP 漁船、援助菲律賓的高速快艇等,新生都有參與其中。」大新遊艇採購經理余明威補充。因為參與外援的機會,不僅協助了政府鞏固國際關

1977 年 7 月 25 日大新遊艇開幕時，蔣孝勇先生（中）蒞臨指導，與阮振明董事長（右二）
以及廠內重要夥伴合照留念

係，同時更讓新生造船看到出口船隻的商機。

然而，隨著漁業市場的飽和，漁船的需求量明顯降低，加上 1967 年政府頒布漁船限建令，新生造船的訂單漸漸趨於平淡。

外部的威脅催生出轉型再發展的契機，公司決定於 1974 年在安平工業區置地，接著於 1977 年正式成立大新遊艇。從小受到日本教育的阮振明，精通日文與漁業技術，是當時臺灣漁業界的重要菁英，因為這層機緣帶動大新順利進入遊艇建造領域，也擔任了大新遊艇的第一任董事長。

大新遊艇也承襲了一脈相傳的日本精神和文化，喊出「品質、效率、創新、團結」四個關鍵詞，這樣的企業文化也完全全體現在員工照顧上。當年許多師傅都從新生造船直接留任，如現任副總郭炳焜的父親即是當時的化工部主任，全家就住在新生造船廠裡。

談起這段轉型之路，堪稱臺灣遊艇界的奇蹟，大新遊艇副總黃豐宗語帶驕傲地說，「我們開幕的時候，還是蔣孝勇來剪綵呢！（蔣孝勇時任中央玻璃纖維股份有限公司董事長與總經理職位，算是當年臺灣 FRP 技術的代表人物。）」

沒有多久，大新開展遊艇業務就迎來第一張訂單，下訂的是一位派駐菲律賓的日本外交武官。他的家族從事造船，對帆船一直很有興趣，退役後就單槍匹馬前來臺灣找理想中的船廠協助他實現夢想，剛好阮振明具有日本背景，這位日本武官便決定選擇新生造船合作。

提及這個合作仍記憶猶新，黃豐宗回憶，「這位日本武官懂船，所以他把這艘船所有的配備、材料等各種成本都精算好了，來找我們直接就問說造價多少？」

一開始這位日本武官都會陪著現場師傅摸索實作，因日本人十分注重細節，許多結構只要有一點點瑕疵，都要整個拆掉重做，雖然耗費許多成本，但也使得新生造船廠原有造漁船的木工手藝升級，奠定後續大新遊艇頂尖的造船工藝技術。

掌握機會走向國際，寫下最輝煌燦爛的一頁

那位日本武官所造的遊艇，後來衍生成 Dragon 30 系列，連帶開始有歐美代理商委託建造遊艇，大新遊艇以一艘 7 萬至 20 萬美金的售價大量銷往歐美市場，更進一步讓許多國際知名的遊艇設計師前來與大新遊艇合作 , 例如 Robert Perry、Al Mason、Gary Mull、Bill Dixon、Andrew Winch、Jeff Leishman 等人。

大新遊艇與美國知名遊艇公司 PAE 首次合作，1978 年推出暢銷的 Mason 系列帆船，20 年間總共生產了 214 艘。圖為 Mason 63，刊載於 1982 年 Cruising World 雜誌

還有一個令人意想不到的機會發生，大新遊艇於美國船展展出代工的帆船被美國知名遊艇公司 Pacific Asian Enterprises (PAE) 的創辦人 Dan Streech 與 Jim Leishman 看見，驚為天人。認為大新的工藝技術絕對能成為 PAE 的第一艘主打船型、由美國知名設計師 Al Mason 所設計的 Mason 43 的最佳合作夥伴。

為此 Dan Streech 與 Jim Leishman 竟然專程飛來臺灣與阮振明洽談合作，促成大新與 PAE 結盟延續至今。從 Mason 43 開始，之後雙方也陸續開發建造了 M63、M53、M53cc、M33 等系列，在美國知名度極高，評價也非常好，到目前為止仍是市場上十分經典且受到矚目的船型。

與 PAE 成功的合作案例，讓大新遊艇順利打開知名度，並啟發他們重新佈局未來的發展策略，決定於 1983 年順勢推出自創品牌 Orion，打鐵趁熱於 1986 年再發布 Tashiba 以及 Taswell 品牌。

大新遊艇砸下重本聘請 Robert Perry 擔任 Tashiba 帆船的設計師，推出 40 呎、31 呎、36 呎等船型；至於 Taswell 則是聘請 Bill Dixon，從 1980 年代末期到 2000 年，總共推出了 43 呎、49 呎、50 呎、59 呎、58 呎、60 呎的帆船船型。兩個品牌的造船和木工技術至今仍受到帆船愛好者推崇，二手市場價格也是居高不下。

1970 至 1980 年代，靠著自創品牌與 OEM 代工雙軌並進的策略，大新遊艇寫下其最輝煌的篇章，當時員工高達近 400 人，產品線也從 2 條增至 10 條，有能力建造的船型從 30 幾呎拓展到 64 呎。

時至 1990 年代前，大新遊艇代工與自創品牌出口的遊艇總數已經接近 800 艘，最高紀錄為 1984 年出口 90 艘船，多數銷往美國，整個代理商遍布歐洲、亞洲、紐澳、加拿大等全球各地。

Nordhavn (PAE) 創辦人 Dan Streech 與
大新遊艇創辦人阮振明合影

chapter 02

TASWELL 43
EXTERIOR VIEWS

YACHT BUILDERS
TA SHING
TO · THE · WORLD
SINCE 1957

大新遊艇與 Bill Dixon 合作的 Taswell 系列，提供多種船型讓船主選擇、最大甚至可到 72 呎

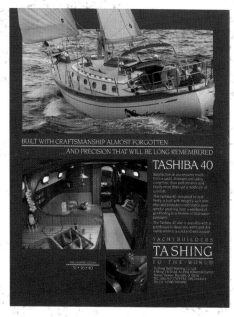

大新遊艇在 1986 推出的 Tashiba 帆船品牌，Robert Perry 設計的精緻內裝與可跨洋航行的全龍骨設計，至今仍是帆船愛好者的人生追求

危機最是練兵時，
產線、技術全面升級

然而，即使全心專注於帆船品牌與製造，大新遊艇也躲不過臺幣升值、動力遊艇市場崛起等挑戰。此外，當時大新以總公司的身分自行經營全球 Tashiba 與 Taswell 的經銷和代理據點，廣告行銷、售後服務和律師法務等相關成本龐大，內外夾擊導致他們舉步維艱，到 1993 年前後，大新遊艇的銷量僅剩下每年不到 10 艘。

就在這時候，PAE 體認到美國帆船市場嚴重萎縮，決定推出「Nordhavn」此一主打跨洋 Trawler 型式遊艇的品牌，

承造 Nordhavn 系列遊艇，一舉提升了大新遊艇的造船實力。圖中是 2021 年一艘 Nordhavn 68 呎船殼離模

後來也證明押對了方向，發展至今成為 Trawler 遊艇買家的首選品牌之一，而大新遊艇的支持，是這個計畫取得勝利的關鍵。

Trawler 遊艇主要瞄準玩船與遊艇經驗豐富的退休人士，強調的是高度客製化的精緻、符合船主家庭居住的平實，以及探索世界的務實，大新遊艇的造船實力和工藝技術，完全符合這類需求的代工條件。

危機最是練兵時，大新遊艇當機立斷配合 PAE 調整產線。首先廠房得先經過一波重整，因原有的產線高度和格局並非為了因應這種跨洋遊艇所設計，除了格局必須改變，人員培訓、製造程序、用料與進口合作對象也都要調整。

大新遊艇在 1990 年代開始將主力放在生產 Nordhavn 的動力遊艇上，第一艘就是 Nordhavn 62，其高度客製化的精緻程度、可調整的幅度、獨特性，以及製造難度，都是過往的遊艇難以相提並論的。

黃豐宗表示，早期一艘量產帆船的造價大約 8 到 10 萬美金，但 Nordhavn 遊艇光是修改和調整費用就要 10 萬美金，「只要船東喜歡、有經費支應、設計師設計的出來，我們就會按照條件去做完美的施作。」

從一片要價 300 美金的鍍金箔磁磚、全船 24K 金的水龍頭與內部裝潢五金，到史坦威鋼琴，「很多都設計師或船東提供設計圖樣或者簡單草稿，我們繪好圖放樣後，去找五金廠特別訂製，有時候甚至沒人能做，只能我們自己來。」黃豐宗笑說。

隨著 Nordhavn 船型的造船經驗增多，大新遊艇漸漸走出 1990 年代的危機。從 Nordhavn 62 開始，往後大新與 PAE 還推出了 35、57、72、76、64、68、56 呎的船型。隨著船越做越大、產線需求越來越高，大新遊艇在 2002 年時於安平工業區打造了大新二廠，因應更高、更大的船型。

回顧 1993 年到 2021 年間，大新遊艇總共建造了 170 艘 Nordhavn 的動力遊艇，穩定地扮演了 PAE 銷售 Nordhavn 遊艇的最佳夥伴。

雖然大新的造船技術深獲合作對象肯定，但他們不以此自滿，仍不斷取得專業證照來鍛鍊自己的造船技術。舉例來說，大新遊艇很早就開始推行品管圈制度，曾榮獲石川馨獎的榮譽肯定，並在 2000 年時取得 ISO 國際認證，是臺灣首家取得認證的船廠。

2009 年，American Boat and Yacht Council（ABYC）來臺灣推行認證時，大新遊艇也取得首發考試 27 張證書的其中 11 張。在國內曾獲得 1998 年第 6 屆和 2008 年第 16 屆臺灣精品獎。

國際獎項部分，近年大新更在 2017 年與 2019 年兩度入圍 International Boat Industry(IBI) 與 METSTRADE 合辦的 The Boat Builder Awards 中的「最佳師徒傳承獎」，是造船界的極大殊榮。

專注品質和細節，再創下一個產業榮景

好景不常，景氣循環起起伏伏，2008 年金融危機的衝擊逐漸浮現。由於 Nordhavn 一艘船的建造時間至少要 1 年半以上，因此影響得等到兩年後才看得見。算下來，2008 年大新出口了 8 艘遊艇、2009 年出口了 11 艘，到了 2010 年，大新遊艇的出口量掉到僅 3 艘，就此維持每年約 3 至 5 艘的造船數量。

面對訂單減少的問題，大新遊艇決定回歸深耕造船工藝的本質，從整頓內部做起，進一步優化廠內造船的流程和材料來源等，以大新遊艇傳承至新生造船超過半世紀的傳統工法累積為基礎，升級第一線的技術。

此外，廠房與設備的升級也是大新遊艇近 10 年來期待能完成的重要目標。大新一廠的現址廠房從 1970 年代使用至今，許多設備和空間早已不敷使用。雖然在

2022 年大新遊艇新義路廠房現貌

圖為 2014 年 Nordhavn 68 呎 19 號在格陵蘭，於圍繞的冰山中留影，畫面甚為壯觀。該船更於 2016 年
挑戰航往北極，破紀錄抵達海圖以外之處，終觸及北緯 81° 27.7N 後折返。© Steve D'Antonio 2014

1990 年代與 2010 年代初期，曾規劃要重建廠房，但當規劃與設計完成，準備要動土開工時，景氣復甦訂單又回籠，造成廠房升級延宕至今。

「像是當時興達港的遊艇專區，我們大新非常有興趣，設計與規劃都做好了，但後來沒有成功，真的十分可惜！」黃豐宗惋惜地說。

提到近年的發展概況，自從 Covid-19 疫情爆發後，許多船東無法親自來現場看船、討論，造成大新遊艇製造高度客製化遊艇的整體進度較慢。但凡事有失有得，疫情也推升訂單量增加，加上船主不想等船，許多過去累積下來尚未完成的訂單都銷售的十分順利，後市持續看漲。

位在不臨水安平工業區的大新遊艇，隨著船型尺寸增加，每次運船至安平港下水都是一個全新的挑戰

大新遊艇持續與 PAE 合作開發新船型，Nordhavn 71 即為 Nordhavn 船型中最新的系列，在 2021 年開始建造模具，第一艘預計於 2023 年完成，未來將成為大新遊艇生產的主力船型。

這幾年，大新的管理階層也逐漸年輕化，現任董事長顏興吉是之前四大股東之一的子弟，阮振明的兒子阮耀庭目前擔任副董事長，總經理桑富國則是前董事長的兒子。

大新遊艇傳承新生造船、至今走過近半世紀的造船工藝累積，倚靠的正是廠內這群堅實的夥伴

雖然多少經歷過去管理階層與造船方式更迭的陣痛，但大新遊艇近來的轉型成績有目共睹，除了傳承過去日本匠人精神，製作精細、考究，猶如藝術品的船舶外，二代接班後，也不斷升級造船工藝技術，嘗試引入數位化的管理方式，以穩定中求進步的策略發展，堅守住當今遊艇造船業中流砥柱的地位。

掌握頂尖技術 吃下特殊造船市場

—— Tania Yacht Co., Ltd.
大瑞遊艇股份有限公司

在臺灣，不僅有大型遊艇廠，也有小而精緻的遊艇製造廠，位於高雄的大瑞遊艇就是其中之一。三代以來的經營者以操守高而備受業界尊重，面對浩瀚無涯的大海，謙虛、執著的精神更反應在船的品質上。

準確預測趨勢，挺過動盪不安的初期

大瑞遊艇的創立緣起有段相當有趣的故事，它與南臺灣元老級的大洋遊艇有著極深的淵源。大洋遊艇是承傳當年北部「開山祖師」大橋和大舟遊艇建造遊艇技藝、在南部發揚光大的重要生產據點，主力生產 Tayana 37 等知名帆船系列，最高年產量超過百艘，同時也是當時十分重要的「遊艇人才培訓學校」。

主因為大洋遊艇送了非常多第一線的師傅和新進人員北上到大橋與大舟實習，把當時最先進的遊艇造船技術帶回南臺灣，而大瑞遊艇的創辦股東和師傅很多也都是從技術充沛的大洋遊艇歷練出來的，其中包括第一任董事長邱南海和第二任董事長邱南山，以及大瑞的創辦人、現任董事長林坤隆。

邱南山於台大畢業後進入銀行工作，之後轉職從事漁船隔熱材料事業，因而結識了新高造船董事長劉萬祠，當劉萬祠成立大洋遊艇時，便邀請其進入大洋擔任業務經理。邱南海為邱南山兄長，早期在中鋼焊條任職業務，因焊條業務與造船有緊密關係，因緣際會下也隨其弟轉任到大洋遊艇一起工作。林坤隆則是於成大造船系第一屆畢業生，應屆畢業後進入大洋遊艇設計課，經過大洋遊艇的歷練多年後，毅然決定離開舒適圈，邀請一些大洋的同事與股東出來開創了大瑞遊艇。

chapter
03

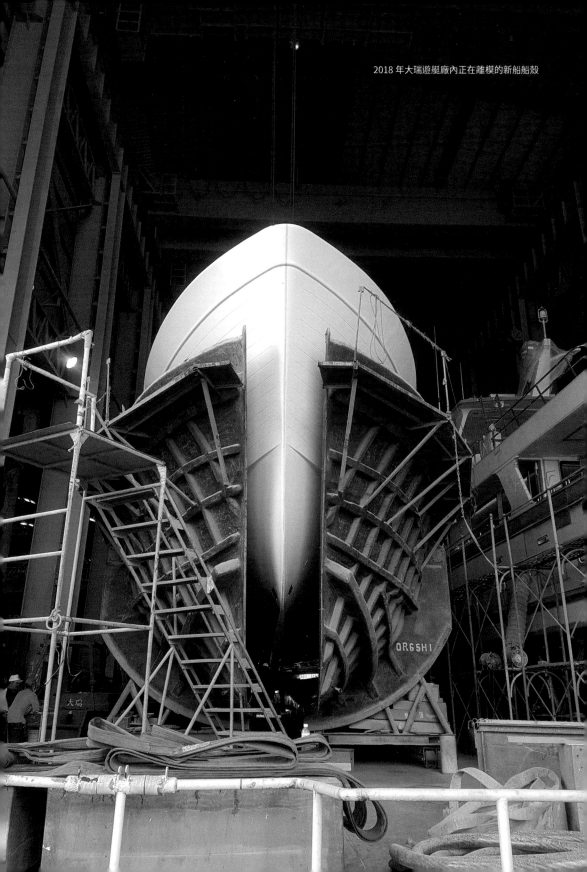

2018 年大瑞遊艇廠內正在離模的新船船殼

大瑞遊艇精心打造 Outer Reef 遊艇
內裝，融合了實用與精緻、傳統木
工與現代科技，讓船主能夠在船上
找到像家一樣的感受

時序推進至 1980 年代，整個遊艇造船市場業務盛極一時，大洋當時雖然是以帆船建造為主，但新成立大瑞的經營團隊都已預料到帆船市場萎縮無可避免，取而代之的將是動力遊艇的興起。

因此，大洋遊艇內的部分夥伴決定在 1986 年出來置地，創辦了大瑞遊艇，創廠廠址選在現今的沿海路上。不過，回首創業初期篳路藍縷，林坤隆不禁感嘆，「那時候很亂，影響非常大！」因為光是土地使用管制變更就花了一年多，恰好又遇上臺幣升值、美國課徵奢侈稅的動盪時期，加上民間大家樂、六合彩、老鼠會等地下簽賭興起，許多工人中獎或破產了就不來上班。

面臨臺灣遊艇產業最困頓的時期，仍舊得使盡全力、咬緊牙根才能撐下去。所幸當時大瑞很多股東也是新高造船廠的股東，他們決定先暫時在新高廠把船模開好，等待沿海路的船廠完成。

幸運的是，剛好那時候有買家願意收購土地，為此事解套，因此大瑞遊艇在 1993 年時毅然決然搬到旗津現址，向港務局租地建廠營運至今。搬至旗津後，大瑞遊艇的經營漸漸迎來曙光，開始有日本、香港以及國內訂單進來，讓大瑞順利挺過經營初期的種種挑戰。

當時日本市場以 Sportfisher 為主，國內也有不少小型 20 幾呎的海釣船訂單，此外，香港市場更是大瑞遊艇主要的船主訂單來源。「早期我們甚麼船都做！做過很多東西！也做過 20 幾艘的帆船，只要有機會就去嘗試。」林坤隆解釋。

在 1990 年代初期，有許多以香港為基地的航空公司外籍機師，會向大瑞下訂寬體形式（Wide Body）的 Trawler，這種遊艇非常寬敞，上層是客廳、廚房、駕駛艙，下層可以配置 3 到 4 間房間，機師飛到香港時就能住在遊艇上，還有多的艙房可以聘僱傭人。

這樣一艘 Trawler 在當時的造價大約 50 萬美金，這些機師通常會向香港的銀行貸款，等退休計畫一完成，貸款也差不多付完了，剛好可以直接從香港開回歐美，因此非常受到這些外籍機師的歡迎。

覓得新夥伴相助，創造業績紅不讓的年代

隨著美國於 1993 年 8 月撤銷奢侈稅後，遊艇產業復甦，美國知名代理商 Oviatt Marine 也開始委託大瑞代工建造 Grand Alaskan 65 Flush deck、64 Pilot house、60、以及 53 呎的船型系列。到了 1990 年代中後期，船越做越大、雙方合作愈趨穩定，大瑞遊艇每年可以出口超過 10 艘的遊艇，業務開展極佳，銷售數量也蒸蒸日上。

然而，到了 2000 年前後，Oviatt Marine 過於積極的擴張，導致營運與資金調度不穩定的問題慢慢顯露。大瑞便決定要針對此一合作做出調整，減少對 Oviatt Marine 代理的依賴，並且決定投資建造一艘由陳乾明廠長設計的 73 呎 Trawler 船模，希望能夠找到新的代理商協助大瑞銷售。

這時美國紐約一位豪宅承包商 Jeff Druek，原為購買 Grand Alaska 遊艇的客戶，對於進入遊艇銷售行業有濃厚的興趣，因此一直在從旁觀察大瑞與代理商的關係，終於在 2001 年找上門，與大瑞一拍即合，創辦 Outer Reef Yachts 與大瑞展開合作至今，成為大瑞的重要夥伴。

Outer Reef 開張後，就在 Jeff Druek 的協助下，銷售出兩艘剛開發完成的 73 呎遊艇，隨後大瑞又進一步開發 65 呎的新型模具擴張生產線。Jeff Druek 本身也是遊艇船東，精通於遊艇生活，對遊艇的外型設計、精緻內裝自然有極高的要求，同時，他對航海時的各種實務需求也了解地十分透徹。

因此在大瑞與 Jeff Druek 合作下，Outer Reef 遊艇不僅船型尺寸擴大至以 70 呎以上為主，同時客戶端嚴格的要求也推動大瑞遊艇不斷精進造船技術，朝向建造更高度客製化、技術複雜且精緻的產品，不斷嘗試整合市場上最新的產品設備在遊艇上，共同將 Trawler 形式的遊艇推向另一個境界。

除了攜手 Jeff Druek 後的全力開展，當時一位 Oviatt Marine 的超級業務 Joel Davidson 轉任 Outer Reef Yachts，帶來許多 Grand Alaskan 的老客戶，也是讓 2000 年代大瑞遊艇產線滿載的主要推手之一。Joel Davidson 與大瑞遊艇合作至今，已經協助銷售超過 50 艘遊艇，其中有許多更是同時購買 Grand Alaska 與 Outer Reef 兩個品牌遊艇、又再回頭訂船的忠實客戶。

在 2008 年爆發金融危機之前，Outer Reef 的銷量極佳，可以達到每年 8 艘左右的出口量，隨著船型尺寸越來來大、內裝要求越來越高，這些 Outer Reef 的產值遠遠高於過去出口的遊艇，著實為大瑞帶來發展極佳的 2000 年代。

掌握頂尖獨家技術，期待未來人才接軌

事實上，在金融危機發生的當下，大瑞並沒有受到非常顯著的衝擊，因為光是消化先前熱銷的訂單就忙不過來了。

然而到了 2009、2010 年左右時，大瑞建造與出口的數量降到每年僅僅 1 至 2 艘。對此，大瑞遊艇總經理邱顯皓回憶起那段時光，直搖頭說道，「當時很多

協助經驗豐富的船主建造 Trawler，需要
與船主保持緊密的互動與溝通

[上] 2014 年創辦人林坤隆及時任業務代
　　表的邱顯皓，與船主 Lester Shapiro
　　在邁阿密船展合照
[下] 2005 年時，當時的總經理林坤隆、
　　設計課長陳乾明與兩位船主 Chris
　　Spencer 與 Tim Casey 於船廠辦公
　　室討論內裝設計

2010 年完工的 65 呎遊艇，在運至澳洲後下水進行海試

大瑞遊艇全場夥伴與船主及代理商緊密的情誼與合作關係，是支持船廠持續往前邁進的重要動能

[上]2019 年時任總經理林坤隆與美國代理商 Joel Davison 及驗船師 Randy Ives，與廠內夥伴合影

[中]2011 年時任總經理林坤隆與驗船師 Walter McCuiston 於佛羅里達州 Key West 出海巡遊

[下]2015 年時任董事長邱南山、總經理林坤隆與全體同仁舉辦中元普渡活動

師傅都從週休 2 日變到週休 3 日，有時甚至一整週沒有工作。」

全球景氣直到 2010 年後才逐漸回升，Jeff Druek 開始把船主買家找回來，隨著訂單回流，整個交易的過程反倒變成船主要配合大瑞的時間盡快下訂，並安排後續造船時程，因為大瑞的規模與產能不大，如果不趕緊下訂單，就要排隊到明後年才有辦法交船了。

能有這樣的底氣和自信讓買家等待，是因為大瑞遊艇是國際上少數掌握頂尖技術、擅長製作 Trawler 這種經典船型的船廠，而且大瑞出產的船都是 Category A，每艘都能越洋航行。

「Trawler 俗稱老人船，市場非常穩定，每年都會有固定的愛好者或者船主開始玩 Trawler，我們也受惠於此而有穩定的訂單。」邱顯皓笑著說。

在歐美市場，會下訂購買 Trawler 遊艇的通常是擁有豐富玩船經驗、年紀偏大、想要追求舒適的長航、甚至是越洋探險的客群。這個客群十分穩定，而且很清楚自己的需求，因此如果不是像大瑞這種經驗豐富的船廠，很難掌握與應付這類型的船主。「這些船主會被稱為 Boater，有耐心地溝通非常重要。」林坤隆也補充說明。

建造 Trawler 遊艇通常會花上一年的時間甚至更長，這種船雖然不講求設計時尚，但細節處非常講究，所以船主通常會在建造期間多次來臺，不僅看船也順便旅遊。

「我們常常要陪他們整個臺灣都玩一圈，最後都變成非常好的朋友！」林坤隆笑說，近年來 COVID-19 疫情導致船主無法來臺，雖然對訂單沒有影響，但多多少少讓大瑞和船主之間建立情感關係和溝通時，受到些微的阻礙。

看著穩定且後勢看好的船廠未來，談到未來最大隱憂，其實是人才的問題。目前大瑞遊艇員工數量約 100 人，以製作 Outer Reef 的 Classic 系列的 63 呎、70 呎、以及 86 呎為主，每年出口量可達 5 艘左右。

邱顯皓感嘆地說，自己常常在現場跑來跑去，大概了解每個師傅的想法與個性，現在人力和人才的斷層比較大，尤其又以木工最為嚴重，未來這恐怕會是決定船廠能否持續發展、甚至擴張的關鍵因素。

不過一直以來，大瑞遊艇在市場上就是以誠信透明著稱，穩健進取但不怕改革精進，致力從穩定生產的流程中，找出各種可以改進的環節。憑藉著少數船廠擁有的技術，在特殊造船市場佔有一席之地，相信大瑞遊艇未來仍能順利度過大環境下各種餘波盪漾。

見證遊艇王國再創榮景
臺灣遊艇產業緣起

—— Ta Chiao Bros. Yacht Building Co., Ltd.
大橋遊艇企業股份有限公司

談起臺灣遊艇產業的濫觴，北部「大」字輩造船廠堪稱起源。家族四代一脈相傳的精神和專業，建立起大橋遊艇造船的基業，即使歷經了市場衰退、分家危機和轉型挑戰，仍猶如一艘力抗風浪考驗的大船，穩穩地駛來，在淡水河畔旁持續擦亮百年企業招牌。

配合美軍需求，意外開啟臺灣遊艇市場

船廠內，一家子十數口人忙進忙出，對陳氏造船世家來說，這是日常光景。包括大橋遊艇、大舟遊艇體系的創辦人陳添枝，以及興航遊艇的創辦人陳振吉，這兩個臺灣遊艇製造體系，都是師承在日治時期從事傳統木船製造的師傅陳水源，他是陳振吉的父親，而陳添枝則得稱他一聲「叔叔」。

1900 年左右，陳添枝決定自立門戶，帶著兒子於新竹南寮漁港以北、北部海岸與淡水河沿岸至基隆、宜蘭頭城各漁村以西，從事木造舢舨漁船製造。闖出名號並累積了些資本後，於 1919 年設立船寮，落腳於臺北橋附近的淡水河河岸，也就是現今民族西路與環河北路交界處。

意外成為臺灣遊艇業起源之一，大橋遊艇的發展與美軍駐臺協防息息相關。1950 年，數千名美國空軍士兵、軍官和將領開始駐紮於臺北市區的圓山地區，也就是現在的臺北市立美術館和花博公園美術園區，與當時的大橋船廠與陳振吉造船廠，距離短短不到 1.5 公里，僅僅只是從民族東路跨至民族西路而已。

美軍除了帶來軍事物資，更把北美的「玩船文化（Boating）」帶到了臺灣。因緣際會下，當時一位負責臺美

大橋草創初期，雖只是一間位於現今臺北市民族西路與環河北路
的小船寮，但已在 1950 年代與駐臺美軍成立了全臺第一個遊艇
俱樂部

1966 年美國電影《聖保羅炮艇（The Sand Pebbles）》來臺拍攝時，曾於淡水河上取景，大橋
遊艇就是當時協助劇組綜理船艇事務的幕後功臣。照片中為大橋遊艇員工在電影中出現的美軍砲
艇 USS San Pablo 上合影

早年大橋遊艇員工在帆船完工
下水前，合照留念

合作和兩岸軍事行動的高階軍官劉醒華中校，介紹美軍顧問團和美軍協防臺灣司令部等將官，到大橋去製作小船、快艇、帆船等各類型船艇。

當時的造船技術多傳承自製作木造漁船與舢舨的造船師傅，選用臺灣檜木、樟樹、櫸木等木材，像是以檜木用來做船體，櫸木較硬用做龍骨，而樟木較韌做肋骨，有時還得要去深谷找挺直的樹木來做桅杆。至於建造西式船艇的技術、設備、工具等，配合美軍顧問團的需求，則來自當時美軍帶來的設計圖，並從美日德進口，再與臺灣地方造船師傅討論後摸索而出。

臺灣船舶物美價廉，造就產業一片榮景

回憶起這段往事，大橋遊艇董事長陳奇松細述，1950 年代中期，一位美軍軍方的友人 Tom Freidman（或 Tom Freeman），和他廣東籍的夫人，前來委託大橋製作帆船遊艇，當時大橋船廠已由陳添枝的長子、也是陳奇松的大哥陳朝讚掌管，而他也答應了這份委託。

Tom Freidman 不僅帶來完整精緻的帆船設計圖，更透過他的夫人與大橋船廠不斷溝通、討論細節，最後成功打造出合作的頭一艘帆船遊艇。就這樣，美軍

美國舊金山警察局局長蒞臨大橋遊艇合影留念

1970 年代於八里落成的大橋遊艇全新廠房，已具備現代化遊艇船廠之規劃設計，照片中也能看見當時產能滿載的盛況

不僅將現代遊艇製造技術引入臺灣，更開啟了臺灣遊艇產業的市場。

與此同時，隨著臺灣工業與材料的進步，大橋遊艇也從原本製造全木造的船艇，逐漸轉向使用合板複合 FRP（Fiber-reinforced Plastic），往後更全部改為製造 FRP 船艇。

會有這樣的轉變，起因於高雄當時出現一家專門做木材合板的「林商號」，該業者使用防水膠水與含油脂的柳安木製造合板，品質和性能都很好。

至於 FRP 技術的引進，陳奇松董事長則表示，是來自一位中國生產力中心（China Productivity Center）的美國顧問 Mr. Warner，因為他曾向大橋訂製一艘強調外板推疊造船技法（Planking）船殼線條的木造動力遊艇，間接成了臺灣首批 FRP 造船技術引入管道之一。

除了技術逐漸提升，隨著當年駐臺美軍來臺三年後，必須輪調返國，許多委託大橋製造船艇的軍官，就將這些在臺灣製造的船艇貨運運回，有些甚至自行航行渡過太平洋回去美國。

沒想到美國對當時臺灣高超的木工手藝、造船技術，與低廉價格感到非常驚豔，「原來在臺灣可以製造出品質優良卻又價格實惠的遊艇」，好名聲不脛而走，慢慢地代理商、生意人都找上門來，委託大橋造船。

談起這段風光的歲月，陳董事長難掩笑容：「真的是後來慢慢生意做大了、有錢了，才請人來教英文惡補一下，然後壯著膽子飛去美國參加船展。哇！才知道，我們臺灣造船工藝比別人都強，但價格比別人都還要便宜好多多！」

身為第一家引進 FRP 技術做帆船，並且成功量產的遊艇廠，當時大橋每年出口上百艘帆船，幾十年下來也累積了幾千艘。大橋還曾於 1960 年代初，參與設計、監造情報人員使用的突擊快艇，不僅性能強、隱蔽性高，還有堅固防彈和抗浪能力，被使用在國防部情報局的秘密行動中。

業務逐漸增加之後，陳氏家族便在 1966 年正式成立大橋遊艇企業股份有限公司，並於 1970 年代搬遷至八里一帶，同時在 1972 年成立夥伴公司大舟企業股份有限公司，接著於 1973 年與高雄新高造船廠的老闆劉萬祠先生、以及台南大新遊艇的阮振明先生，在高雄共同成立大洋遊艇，可說是臺灣第一個遊艇造船集團的出現，也成功讓遊艇製造技術傳承至南臺灣。

「我們大橋真的帶來了八里的繁榮，當時多少船廠跟著我們過來、派人來學習訓練，整條路上都是遊艇廠！」陳董事長回憶。

與國際知名設計師合作，迎來事業高峰

1972 年，大橋遊艇再度迎來另一個事業高峰。故事得從現今全球知名的美籍帆船設計師 Robert Perry 說起。

當時的 Robert Perry 還未成名，正與另一位美國遊艇代理一同開發一款名為「Hans Christian 54」的帆船，委託製造的這款帆船的船廠剛好在臺北。然而，他完成設計的報酬只有 700 元美金，而且完成後，還只收到一半的錢而已。

Robert Perry 曾在他的自傳中提起，「那是一個特別冷的波士頓冬天，我接到大橋遊艇總經理陳朝讚先生的電話；陳朝讚先生用斷斷續續的英語說明那一位遊艇代理與船廠有些問題，並詢問我 Hans Christian 54 的設計費用與智慧財產權

優雅沉穩的 CT-65，是大橋遊艇迄今所生產的量產型帆船中，尺寸最大的帆船

美國知名遊艇設計師 Robert H. Perry，曾與大橋遊艇攜手設計與打造許多經典的古典長距離巡航帆船，像是 CT-54、CT-56、CT-65 和 CT-85 等，迄今仍有近百艘同系列帆船在世界各地航行中

大橋遊艇不僅是精通木製與 FRP 帆船的建造，更曾與德國技師合作，建造不鏽鋼材質的 48 呎訂製帆船

歸屬，我說陳朝讚先生只要付清剩下的設計費用，大橋就可以擁有這艘帆船設計的所有權。過了幾天，我收到了一張 750 元美金的支票，馬上衝去買了件厚實的大衣，而 Hans Christian 54 的設計也正式交給大橋遊艇。」

這艘 Hans Christian 54，正是後來的 CT 54，可說是一艘開啟 Robert Perry 做為遊艇設計師職業生涯的帆船，同時更是一艘讓大橋成為世界知名帆船遊艇製造廠的帆船。

事實上，除了 Robert Perry，許多國際知名帆船設計師也都在大橋實現了自己的設計理念和造船夢想，包括同樣出身美國的 Michael Kaufman & Robert A. Ladd 與 Yves-Marie Tanton、來自紐西蘭的 Alan Warwick 與 Ron Holland、以及加拿大裔美籍的 William Garden 等近代帆船設計大師。

在這之後，大橋遊艇也持續與 Robert Perry 合作，在 1982 年推出 CT 65（歐洲線為 Scorpio 72），接著 1988 年推

在淡水河邊長大的陳奇松董事長，對河、對海、對船都有深厚的認識與理解，照片中為陳奇松董事長年輕時與友人駕駛自製帆船在淡水河上操帆的英姿

出 CT 48，兩款至今仍是帆船船主和航海愛好者心中的夢幻逸品。

基於原本的堅實造船工藝與逐步累積的造船經驗，大橋船廠的陳朝讚、陳上川、陳奇松、陳文淵四兄弟，也陸續推出大橋自己設計的 CT 型號。當時許多船主在遊艇興建期間，都親自飛到臺灣，住在船廠裡或者附近，陪著自己的船建造起來，甚至有些船主等船造好後，還會直接開船返航。

「有一位瑞典引擎公司 Volvo Penta 的經理，買了一艘 CT41 開回去，結果在菲律賓遇到颱風被打上離岸一公里的椰子林裡面，找人拖回海裡之後還可以繼續開，就一路開回瑞典了！」現在聽來有些離奇的故事，在當年都是理所當然。

造船業務涉官司，埋下分家的未爆彈

好景不常，1980 年代大橋經歷了幾波高低起伏。先是臺幣逐漸升值，大橋遊艇的出口業務相對受到影響，只能開始尋

找國內市場或日本市場等其他可能的出路；再來，相比臺幣升值的危機，陳奇松認為勞基法的強硬實施，對國內第一批成立的遊艇廠來說，更是沉重打擊。

同一時期，因為 1986 年實施的勞基法開始辦理退休金制度，雖然勞工權益的保障增加了，但少了因應時間，對當時的企業主是一筆不小的負擔。這對擁有比其他船廠更悠久歷史的大橋遊艇來說，若要保全跟著大橋一起打拼多年的現場老師傅、以及有著靈魂角色的造船工程師們，也只能咬著牙硬撐下來。

能度過這波危機，關鍵在於大橋遊艇精湛的造船手藝，以及堅實的連結和人脈。大橋不懈地持續拓展歐洲、香港、日本、澳洲和古巴等市場，並開始跨足國內的各類型造船業務，舉凡遊艇維修、整理、改裝，甚至承接了許多豪華海釣船、觀光船、高速快艇、巡邏艇，以及中科院的船艇研究計畫和其他新型太陽綠能船的研發。

隨著國內業務的拓展與累積，大橋逐漸打響名號──「以遊艇的工藝水準製造各類船舶」，後續也與海巡署合作，承接建造 13 艘 50 噸級巡防艇的政府標案，不但順利完工、全數交船，也積累許多經驗與口碑。

大橋遊艇曾於馬來西亞拿督來臺訪問時，贈與對方兩艘 19 呎快艇，實為當年國民外交之先驅典範

然而，沒有人想到，在這之後與海巡署合作的另一個 60 噸級巡防艇計畫，卻成了大橋遊艇走向分裂的潛在危機。

針對此一計畫，事實上大橋本無意與其它船廠競爭，但因標價稍低於其他廠商而意外得標，之後卻因為建造細節與開工等問題，與海巡署起了爭執，雙方產生訴訟。

雖然船廠事業並沒有因此停擺，然而主要承接此案的大舟，其訴訟已悄悄埋下家族內部各自成立事業計畫的種子。當時陳氏家族的老大陳朝讚與老二陳上川不幸因病過世，家族為求永續經營而協議分家，在此內外交困之際，除了老三陳奇松家族接掌「大橋遊艇」、老二陳上川家族的「大舟遊艇」、以及老四陳文淵家族的「大橋舟遊艇」，分別傳承並延續家族的造船精神外，老大陳朝讚一家則在房地產事業闖出另一片天地。

接續大橋之名，1943 年出生的陳奇松董事長是創辦人陳添枝的三兒子，從小跟著父親在船廠長大，熟稔各種器具、機械、木材、五金的使用，還曾經用造船剩下的木料，做出類似現在雷射的小型帆船 (Laser Sailboat) 和三體帆船 (Trimaran)。出社會後，他一度到迪化街學做電器、到雙連學習製作翻砂模的木模，因此對繪製、審視工程圖也都非常熟悉。

一輩子在淡水河邊長大，陳董事長對河、對海、對船都有深厚的認識和了解，同時更有一股強烈且無以名狀的牽絆和情感。面對原本的大橋一分為四，這不僅僅是家族分開，更是場地、資金、人力和業務的切分，重新整頓業務再次站起來的過程，對陳董事長和大橋來說都是一項巨大的挑戰。

也是在這段期間，大橋遊艇現任總經理、陳奇松的大兒子陳維權即將從美國學成返臺，雖然沒有被刻意培養為接班人，但同樣對船有著熱情與熟悉，在得知分家之後，便決定留在大橋協助父親。「當時真的很艱辛，整個過程可以說幾乎就是一個重新再創業。」陳維權相當感慨。

跨足多元遊艇事業，
轉型做全方位服務

未分家前的 90 年代，趕上臺商西進浪潮，陳奇松董事長協同二哥陳上川曾前往中國廈門，和美國知名遊艇品牌 Marlow Yacht 共同投資造船廠。當時陳奇松還設計了一艘 59 呎與一艘 66 呎的 Trawler 型式遊艇，準備與 Marlow Yacht 合作推出。

然而，碰上分家和兄長陳上川去世，與 Marlow Yacht 的合作戛然而止，這兩艘 Trawler 成了分家後大橋主要的推動業務

大橋與大舟遊艇於淡水河上的遊艇碼頭，為北部熱
愛海洋與船艇的船主提供全方位的服務

大橋遊艇

大橋遊艇位於淡水河上的碼頭，經擴大之後已成為北部遊艇與高級海釣船修造保養、升級裝潢首選

之一。雖然至今這兩艘設計從未開模，但也創下了臺灣當時少數從船殼開始自行設計的先例。

此外，大橋還推出了一艘當時非常受到國內市場歡迎的 27 呎小遊艇，是根據海巡署與海軍陸戰隊使用的知名 M8 快艇所推出的民間版本。有趣的是，M8 快艇的設計其實就是出自大橋陳董事長之手，至今仍在服役，連軍方人員都認為是非常經典耐用的船型。

1990 年代後，整體國際遊艇訂製與銷售的市場生態已經有了改變，需要船廠投入更多資源經營品牌與行銷，並與國外知名設計師合作，甚至還要自行投資 1 至 2 艘以上的展示庫存船，以吸引船主的青睞。

雖然大橋一直沒有放棄國際市場，但受限於規模與資源，2000 年後的主要業務市場逐步轉向國內、日本、澳洲、東南亞等鄰近國家；同時大橋也慢慢將維修和保養發展為另一重心，主要以服務北部地區遊艇、釣漁船等船艇為主，至今已是北部遊艇上架保養、維修裝潢、改裝升級的首要目的地之一。

時間來到 2014 年，首屆臺灣遊艇展開展，臺灣遊艇休閒與服務產業也慢慢形成，觸動了大橋遊艇思考轉型為多元遊艇事業的可能，因此從這年開始，大橋擴大原本僅供修造臨停的碼頭，開始提供遊艇碼頭的服務。

目前大橋已發展出完整的遊艇服務體系，也與本是同源的大舟討論如何相互整合資源，共同推出遊艇碼頭品牌。「我常常說我們現在其實在做服務業，造船是在服務船主、維修改裝也是服務的一種，我們也提供協助船主買船、進口、領牌、甚至是轉賣脫手的服務。」陳維權解釋。

近年大橋重心慢慢轉向服務，但遊艇製造仍然是業務核心。目前廠內有一艘新船正在建造，後續也有規劃將配合市場運作方式，與國外設計師合作推出新的帆船系列，將延續大橋過去以 CT 系列闖出的名號，主打巡航的遊艇帆船船型（Cruising Sailboat），期待能找到一個專門與獨特的市場重新切入國際遊艇製造的範疇。

期待又怕受傷害，盼產業環境更友善

立足小島，走入國際，做為臺灣遊艇產業起源，以及臺灣水域活動與船艇研發的先驅的大橋，陳奇松董事長始終相信臺灣人有本事。

只是提到未來產業發展，熱愛海洋成痴的父子們充滿期待，卻又不免憂心忡忡，因為面對市場挑戰，船廠已經無法再像過去單打獨鬥。陳奇松董事長認為，產業急需一個像過去南星計畫般的政策，整合與共享船廠資源，這是現在最重要的課題。

陳維權也表示，國內在軟硬體上都還有很大的進步空間，需要更多的管道教育大眾了解「玩船」，以及相對應會產生那些義務責任，讓民眾慢慢培養興趣。而大環境面的法令、碼頭、周邊設施等，則有待政府去開放與促成。

總的來說，目前臺灣缺乏一個較完善的環境，讓造船、遊艇、水域活動、海上運動等相關的產業提升發展，相對也限制了年輕人了解水的機會，「沒有空間讓年輕人嘗試，怎麼會有機會發展產業與了解海洋？」陳奇松董事長殷切期盼著，走過百年的風雨，大橋仍能繼續見證臺灣下一個遊艇盛世。

巨星造船股份有限公司

陶君亮的人生與事業任誰看來都屬於功成名就、令人生羨的一方，看似一路順遂，但鮮少人知輝煌的事業背後面臨的困難與危機由小至大千百種，在面對困境時，多數人或許怨天尤人，而陶君亮反而處之泰然。他篤信上帝，造船之路上遇到的種種困境，對他來說，就像是上帝事先預備好的禮物盒子，歷經這些試煉後，才更能享受拆開後的喜悅。

待時而動，巨星造船誕生

陶君亮畢業於中國海專，就學期間對船舶運輸、造船充滿深厚興趣，退伍後考上三副並任職於台安航運公司的鈞安輪，負責往返中東運輸石油；25 歲時轉任到日本三光公司株式會社擔任二副，雖因此環遊世界開拓了眼界，但想起臺灣等候的未婚妻那相思之苦，逐漸讓他動了成家的念頭。

Novatec 最新的超跑系列模擬設計圖

chapter
05

1978 年，陶君亮決定轉行至位於忠孝東路白宮大廈的遊艇零配件貿易公司任職，後來因緣際會進入遊艇產業，於福華遊艇擔任業務經理。在職期間陶君亮除了透過業務了解美國市場，他更留意於階層的決策管理，也與廠內師傅建立情誼，為的就是希望有朝一日能有自己的船廠，進而實現對造船的熱情。

1982 年，位於桃園蘆竹的現代造船因業務不佳決定出售，其廠區寬廣且具現成造船廠房與設備，加上廠內仍有幾套船模與 4 艘半成品的遊艇，陶君亮評估後認為大有可為，多年的創業準備終於等到時機成熟，因此決定承接，於 1983 年成立巨星造船。

陶君亮是國內推動遊艇生活的先趨，在 2011 青創論壇中與馬英九總統暢談臺灣遊艇產業發展未來

與瑞士合夥人瑞士 Mr. Roland 都熱愛海洋活動（攝於巨星北海遊艇俱樂部）

陶君亮當選中華民國的第九屆創業楷模

當選中華民國第九屆創業楷模（時年三十五歲）

照片來源：凱特文化創意股份有限公司提供

當時福華遊艇的瑞士客戶 Roland Murran 在陶君亮創業前夕剛好來臺，陶君亮送他上飛機時情不自禁地提到自己將會創業，當時 Roland 回應：「你需要合夥人嗎？」陶君亮既驚喜又訝異 Roland 居然如此爽快地願意投資自己，Roland 返抵瑞士後，立刻實現承諾將資金匯入陶君亮的戶頭。在得到 Roland 的挹注、自身積蓄與岳父的支持、加上幾位好友的投資之下，陶君亮正式踏上了創業之途。

以自有品牌之路走出優勢

成立巨星造船後，陶君亮揀選一群志同道合、有理想且手藝一流的好伙伴，加上承接現代造船時，也有許多師傅願意相信並跟隨陶君亮的領導能力留了下來，如當時廠長陳慶昌，為人沉默但很可靠，是幫陶君亮打下一片江山的重要夥伴。陶君亮感性地說：「廠內有好多員工跟了我 40 幾年，也有三代都在巨星做遊艇；我以此為驕傲，因為這代表的不是成就與財富，而是真正的待人接物。」

有了可靠的夥伴與堅強的團隊為根基，接下來則要建立穩定的外銷通路開創業務，陶君亮謙和誠懇且大氣自若的人格特質，配上長年跑船培養出的眼界與外語能力，讓他一出來創業，便有許多過往認識的代理商前來洽談。創業的第一天起，陶君亮就不曾為他人代工，他的自創品牌就是巨星造船─諾瓦帝遊艇（Novatec Yachts）。

第一批訂單正是現代造船留下的 4 艘半成品船，陶君亮將這 4 艘半成品船陸續完工，成了當時極受市場歡迎的 Nova 40，僅花不到半年的時間就將其全部出售，成功賺進第一筆營運資金。陶君亮爽朗地笑著：「當時一創業，就有許多過去認識的歐美代理商來問說：『Wow！Eddy！你有什麼船？』他們甚至還飛來臺灣看船，那對我來說就像是上帝賜給我的禮物。」

與 Bill Dixon 合作推出的 Novatec Islander 遊艇系列廣受歐美船主歡迎
資料來源：由凱特文化創意股份有限公司提供

陶君亮透過以往在福華遊艇建立的人脈與客戶、並同時主動以 Novatec Yachts 品牌參加美國船展，雙管齊下逐步擴大美國的代理銷路。1980 年代時，巨星造船可同時營運 4 至 5 個產線，每個產線則有一位負責的工程師、帶著 200 位左右的師傅與工人造船；而每個產線一年可以做 20 艘遊艇，整個船廠一年可建造超過 80 艘遊艇，事業發展蒸蒸日上。

面對 1990 年前後臺幣升值危機造成多家船廠經營困難，這對巨星造船來說相對影響不大，因為巨星造船自始便為自家品牌、價格取決於船廠自身決策，臺幣升值對於巨星來說只是每艘船的獲利減少，但仍有空間能夠持續營運，堅持經營品牌的成效也得以彰顯。

浴火淬煉後的二次創業

陶君亮創業短短三年後便成為當時最活躍的遊艇產業代表，當時的他自覺人生春風得意，但 1990 年的一通深夜來電，驚醒了陶君亮以及他一路順遂的造船生涯。

他接獲消息，巨星造船的桃園廠房遭受祝融之災，船廠最怕的就是失火，因為用於船殼甲板 FRP 的樹脂原料十分易燃，更不用說裝潢的木料與複合材料，僅是零星火苗就能讓廠房付之一炬。陶君亮抵達現場後，發現失火的是擺放模具與半成船的廠房，關乎整個船廠的訂單與後續營運。如此災損對於一般的船廠來說已具致命性的影響。

投入新的船模至少需時半年、全新遊艇製作更要接近一年，面臨失去半成品船與船模的困境，馬上再次投入遊艇製造勢必整年沒有營收；加上當時美國實施奢侈稅措施，遊艇訂單數量顯著下滑，陶君亮當時有幾乎整整兩年的時間，都在為下個月的資金傷透腦筋。事隔多年，陶君亮已經能平淡地侃侃而談了，他半開玩笑地說：「那場火災後，我覺得我這輩子差不多要畫上句點了，Game Over ！」

事件後為增加營收，陶君亮靈機一動，將注意力放到政府公開招標案，首次投標即得到了國防部軍規高性能巡邏艇的案子，標到案理應開心，但由於時近 1993 年尹清楓命案，讓夥伴與家人當時擔心不已，生怕會深陷龐大的利益糾葛。但陶君亮有些驕傲地說：「軍方代表來船廠一看，就知道我們不是會在規格上動手腳或私下給好處的船廠，那些人情報底子出身，看人可準的！所以我的主責就是把船做好就好，Integrity，做人正直很重要。」

巨星造船就這樣接下國防部的訂單，製作兩艘船速高達 55 節的高性能巡邏艇，雖然製造過程中遭遇不少困難，但最終憑藉著造船技術的突破與淡水河漲退潮

巨星造船也多次承造國內重要的快艇與船艦計畫

[左] 巨星造船協助外交部建造將贈予邦交國的 40 節高性能巡邏艇

[右] 陶君亮親自洽使船速可達 55 節、亞洲最高速紀錄的巡邏艇於淡水河上試船

資料來源：凱特文化創意股份有限公司提供

的水勢，以及驗船時中國驗船協會鄭主任工程師的幫助，順利跑出均速 56.3 節的高速，至今都還是亞洲巡邏艇的最高船速的紀錄。順利結案後，也將業務拓展到交通部、內政部警政署、外交部等，並完成了全國第一艘的海上醫療船，下水典禮更由時任總統的李登輝親自主持。

巨星造船的事業因有了政府支持爭取到喘息空間，逐漸導回正軌。1990 年代為加強品牌價值，Novatec Yachts 請了頂尖英國遊艇設計師 Bill Dixon 設計 Novatec Islander 遊艇系列，主打可從 50 呎變化至 60 幾呎的船型。此系列特意在船艉設計可由防水門出入的主人

房，創造出廣闊的後甲板與艙內空間，一如當年的宣傳口號「她是一艘給家庭每個世代的遊艇」，廣受歐洲與北美沿岸市場的歡迎。此外，巨星造船也趁勢投入製造超級豪華遊艇的領域，與義大利遊艇設計師 Tommaso Spadolini 共同推出歐風 80 呎以上的遊艇系列。

歷經 1990 年代初期廠房祝融與訂單減少危機，巨星遊艇以公務船的新業務打穩根基，並拓展出數條遊艇系列以對應不同市場需求，至 2000 年時訂單旺盛，重新躍登事業巔峰。面對「二次創業」的成功，陶君亮反而戒慎恐懼，早已收起當初驕傲自負的心，轉趨於更臻成熟穩健的企業家。

山不轉路轉，
轉出兩岸藍海市場

當業務再度繁盛之時，突遇 2008 年的全球金融風暴讓訂單直接少了八成，更別提當時還在趕工的半成品船。陶君亮雖無奈但也只能說服自己堅持下去，提振精神後開始精算成本利潤，主動承擔各項雜支，終於找到一家位於佛羅里達的代理商願意託售 (consigment)。

然而再一次，又是一通深夜來電，告知陶君亮完工後海運到羅德岱堡的遊艇，在吊離貨輪卸貨的過程中突遇強風吹襲，直墜碼頭地面。經過近 20 小時的長途飛行，陶君亮站在破損的遊艇前，又一次感到事業的困境與無常。幸好天無絕人之路，經過一個月的溝通，保險公司判定此意外為天災且全數理賠，讓損失減到最低。

經過此事後，陶君亮深感歐美市場銷售困難，便開始思考亞洲市場策略，尤其是針對中國的銷售佈局，自 1990 年代，他開始參與中國船展，例如：上海、香港、深圳大梅沙灣、海南海天盛宴等各地的國際遊艇展，陶君亮看見中國市場開放後的市場潛力，因此決定嘗試調整船型，去對應亞洲人的玩船方式。

相對於歐美市場愛好冒險探索及水域活動，亞洲船主更喜愛遠離喧囂與商場紛擾，並重視與家人朋友的相聚派對。陶君亮將當時銷量逐年下滑的歐風 58 呎系列，運用建築學原理將後艙房（aft-cabin）加高，創造出可容納三房三衛、雙廳雙廚的空間；這樣的內裝設備正是看準了亞洲船主不喜歡住在船上，但希望有更多的空間可以呼朋引伴共遊，雙廚空間也符合東方人煮食開伙的特性。這艘重新推出的歐風 58 呎遊艇，馬上成為兩岸銷量最佳的遊艇系列之一。

2010 年，Novatec Yachts 已經成功將市場轉至兩岸，遊艇從中國東北的哈爾濱一路賣到海南島，在臺灣也是市占最高的品牌。近年雖遇 COVID-19 疫情，巨星遊艇不受太大影響，依然持續接下訂單，2015 年開始開發、與義大利設計師 Carlo Mezzera 設計的超跑系列，2021 年還尚未正式發表，早已有位船主低調的訂船了，而超跑系列未來將成為巨星遊艇的主打之一。

與船為伍的人生之途

隨著事業日益穩定，陶君亮駕著遊艇走訪世界各國，並接待派駐臺灣的各國大使，以及與來訪臺灣的各國元首交流，看著手上的造船技藝如此受到外國船主的喜愛以及各國政要的尊重，陶君亮打從心底希望臺灣的國人也能體會船與海的美好。

巡視廠內生產與關心員工是至今依然是陶君亮的生活重心
資料來源：凱特文化創意股份有限公司提供

Novatec 最新的超跑系列模擬設計圖

Novatec 最新的超跑系列模擬內裝設計圖

早在 1989 年，陶君亮就投資了石門漁港成立巨星北海遊船俱樂部，希望推展遊艇海洋休閒風氣；然而開幕日期是 6 月 3 日，隔天日期正是敏感的六四（天安門事件），兩岸局勢頓時緊張造成這個計畫無疾而終。陶君亮笑著說：「當時不能出海嘛，但我們就搞了一台叫做海洋氣象號，以觀測海象氣象的名義出海，頭腦轉個彎、生命無限寬，哈！」

2011 年的青年創業論壇，陶君亮與時任總統馬英九，以及宏碁集團董事長施振榮三人共同主持國家品牌論壇，兩個小時的討論裡，陶君亮多次拋出許多關於臺灣海洋休閒落後、遊艇碼頭限制過多、相關產業推動不足等議題，讓馬總統留下深刻印象。隔天，陶君亮接到總統府來電，馬總統的貼身幕僚客氣地請教關於遊艇開放與碼頭建置的意見，隔年 8 月，便發佈了實施「遊艇管理規則」。這是個劃時代的重大指標，擁有世界遊艇王國名譽四面環海的臺灣終於可以自由搭著遊艇出海。這是中華民國臺灣遊艇休閒元年，一個值得慶祝、驕傲、紀念的日子。

時至今日，幾乎每個臺灣遊艇碼頭都可以看到 Novatec 系列遊艇的身影，也呼應著陶君亮走過這大半輩子與海與船為伍的人生，以及他所專注的造船工藝和海洋文化推廣。陶君亮淡然卻深遠地說：「人一生要比的不是幾百幾千萬的營業額，也不是看那 4G 或 5G 的高科技，比的是一個人的文化、傳承，那才是他真正擁有的。」

來自扎實穩當的步伐　歷久不衰的經典

—— Tung Hwa Industrial Co., Ltd.
同華工業股份有限公司

「做遊艇其實是辛苦的，但這真的是一份值得熱愛與享受的工作！」同華工業洪榮裕副總回想大半輩子造船的生涯，豪邁但真誠地說出這番話。同華出品的 Fleming Yachts 擁有不落俗套的經典外型，以及精良的技術實力，至今已傳承三個世代。

從廉華遊艇，
到同華工業與 Fleming Yachts

基隆港邊各式各樣的帆船一字排開，時間是 1970 至 1980 年代，正是臺灣遊艇產業蓬勃發展時期，這些船隻都等著越過海洋，外銷歐美國家。時任基隆港港務局局長的前海軍中將副參謀長曹開諫，見證當年的產業熱潮，在匯聚足夠資金後，輾轉南下至屏東萬丹成立「廉華遊艇」—也就是同華工業的前身。

1981 年，曹開諫在與美國船主自臺北搭機南下看船時，不幸遇上遠東航空 103 號班機空難而過世。為穩住驟失龍頭的廉華遊艇，眾股東相聚商討對應之道，出身自霧峰林家的林正澍為當時最大股東，決定買下所有股權親自營運，並將廉華遊艇改名為同華工業。非造船業出身的林正澍廣納專業人才，例如當年的廠長即為遊艇界的資深專家孫謙，而現在的副總經理洪榮裕亦在 1986 年加入同華，服務至今。

彼時，公司約有 100 名員工，主要製作 40 呎以下的帆船，同時亦與美國知名遊艇品牌 Offshore Yachts 等合作建造 48 呎以下的動力遊艇，更有扛著原廉華遊艇自有品牌 L.H. Yachts 名號的遊艇外銷德國。

chapter

06

同華工業廠內參與第一艘 Fleming50 呎遊艇建造的團隊，在船模骨架前合影

促使公司整體技術水準升級並抬升至工藝等級的關鍵，則始於
船舶工程師 Tony Fleming 訪臺，並選擇同華工業作為製船廠
商、創立 Fleming Yachts 的機緣。

攜手傳奇船舶工程師，
打造全新遊艇系列

被譽為具有文藝復興時期科學家與藝術家的特質，Tony
Fleming 在當代遊艇製造中是極具代表性的傳奇人物之一。
原在 Grand Banks Yachts 位於新加坡的船廠擔任總經理的
Tony，卸任後偕同事業夥伴 Anton Emmerton 以及船舶工程
師 Larry Drake，設計了一種新型的 Raised Pilothouse 遊艇，
希望找到能夠代工的船廠。當時在羅德島的紐波特（Newport,
Rhode Island）船展中，臺灣建造的遊艇品質讓 Tony 大為讚

1985 年建造第一艘 Fleming Yacht 時，同華
工業廠內的夥伴與 Tony Fleming 共同參與了
每個細節，照片中是最一開始的模具建造過程
[左] 建造中的甲板模骨架
[右] 同華工業的林凡生與 Tony Flmeing 在
　　儀式中共同錘下模具船艏代表的釘子

嘆，留下相當深刻的印象，因此在思考
合適船廠時立即想到臺灣，並經由在臺
擔任驗船師的友人 Tim Ellis 推介，與同
華廠長孫謙見面相談，展開至今 30 餘
年的合作關係。回想當時，洪榮裕副總
大笑著說：「Tony 阿伯曾經說過，那時
候原本非常徬徨，不太確定到底要去哪
裡，他跟 Anton 還跑去算命呢！」

Tony 的辦公室就設置在廠房內，從木夾
板製作骨架與船殼、拋光上漆後塗膩與
積層等，親力親為參與每一道程序，有
時甚至在工廠中過夜。同華全體由上而
下也為了這艘全新船型卯足全力，甚至
將原本多用於製造 40 呎左右遊艇的廠房
重新改建，只為符合 50 呎的 Fleming
遊艇尺寸。歷經 14 個月的辛勞，突破彼
此語言的溝通阻礙、開模建造的挑戰，
以及背著被臺幣逐漸升值追趕的壓力，

第一艘 Fleming 遊艇在 1986 年正式完
工。然礙於仍處在戒嚴期間，遊艇無法
下水測試，只能直接海運至加州交給船
主，好在交船後一切順利。歷經 35 年的
歲月，這艘 Fleming Yachts 的第一號至
今仍以美國西岸為主要活動區域悠然地
航行。

造船技術提升，
年產量逾 30 艘遊艇

Fleming Yachts 的至高標準帶動了同華
工業的造船技術提升，時至今日，每艘
同華出廠的遊艇，都會在高雄港下水，
並由 Fleming Yachts 的驗船師實際開
船出海生活二至三天、使用船上所有設
備，以確保船隻真正具備乘載船主出航
探索的資格。

1985 年前後同華工業因應 Fleming Yachts 較大的船型而投資新建的新廠房

一如宣傳口號「終極的巡航遊艇（The Ultimate Cruising Yacht）」，Fleming Yachts 除了歷久彌新的優雅船型與簡潔外觀、實用細緻的內裝，更具備能夠跨洋航行的實力，迅速獲得市場的廣大迴響，船主一想到巡航動力遊艇或者 Trawler，就會想到 Fleming Yachts，成功創造穩定的購買客群。

在 1990 年前，同華廠房產線每年已可產出超過 30 艘的遊艇，包含 53 至 55 呎的 Fleming Yachts、48 呎的 Offshore Yachts，以及自有品牌 L.H. Yachts 的 40 呎以下遊艇。

回應市場需求，增加多元遊艇尺寸

1990 年代初期的臺幣升值危機來臨時，同華工業營運狀況受到的影響相對輕微，在 1990 年甚至還有出口 21 艘遊艇的紀錄。洪榮裕副總說：「1991 年我們還有出口 16 艘船，是到了 1992 年因為美國奢侈稅的關係，才真正比較少，當時大家都跑去買二手船了！」隔年奢侈稅取消，同華工業的業務與訂單回穩，與 Tony 的合作以及代理商之間的夥伴關係逐步取得平衡，至 1997 年已經完成了 Fleming 55 的第 100 號船。而隨著船主追求的遊艇尺寸漸趨多元，Fleming Yachts 也與同華工業在 2000 年時共同發表了全新的 Fleming 75，延續原有 Fleming 55 的設計語彙，整艘遊艇從船殼到內裝的細節經過 Tony 聯合船舶設計師與同華師傅共同討論、重新設計，在 2002 邁阿密遊艇展首次亮相。

遊艇尺寸的與時俱進，也讓每次的運船過程都充滿挑戰。那時第一艘 75 呎的遊艇完工後，總共動用 34 台高空工程車外加小貨車，以及超過 100 名員工，沿路甚至需把路燈、紅綠燈、路牌全部拆掉轉向，還有專人在遊艇上監看，避免拉扯路上的電纜線、第四台電視線，「因為只有晚上能走，那時候運了三天！雙園大橋還有收費站，船過不去，要把收費站旁邊的石墩都拆掉才能過！」洪榮裕副總難忘地說道。有鑒於船隻尺寸增加，同華工業的廠房亦隨之擴建，並新增試水池以容納更大的船型。

隨著船型越做越大,同華工業運船的難度也越來越高

[上] 1986 年完工的第一艘 50 呎 Fleming Yacht 正式離廠,將拖往高雄港運至美國

[下] 過去拖船時,經過雙園大橋收費站都需要將旁邊的石墩搬開才能通過

時至 2000 年代，同華工業的業務持續穩定，後配合 Fleming Yachts 的遊艇尺寸陸續增大，調整為全廠專門生產其遊艇，年出口量約 20 艘，並以此模式營運至今。

Fleming Yachts 在當時提供 55 呎與 75 呎兩個選項，進一步因應市場反饋，Tony Fleming 與 Doug Sharp 聯手設計 65 呎的新型尺寸，填補客戶「想要大於 55 呎的船，卻又覺得 75 呎船隻過大」的中間需求，並於 2005 年發表。而這艘同樣在同華建造的 65 呎遊艇，旋即於 2006 年獲得全球遊艇權威雜誌《BOAT International》在坎城頒發的年度最佳遊艇獎（Boat-of-the-Year）。Tony 自己買下 Fleming 65 的第一號船，不僅做為探尋海洋的載具，也做為協助測試遊艇上各種新設計與功能的實驗船，讓後續建造的遊艇能更貼近船主所需。

是商業盟友，
更是一同成長的夥伴

2008 年，Tony 將整體營運業務交棒給負責美國業務的女兒 Nicky Fleming、在同華工程團隊協助設計建造的姪子 Adi Shard，以及於 2001 年加入同華，主責結構與各項功能測試的工程師 Duncan Cowie，自己則成為 Fleming Yachts 測試者與品牌大使，持續經營品牌 Youtube 頻道、部落格，分享造船經歷、開船出航的所見所聞。

Tony Fleming 與同華工業不單是商業合作關係，更是引領整個船廠成長茁壯、走入穩定營運的重要夥伴，曾與其共事的同華同仁，在言談間都透露著對 Tony 的愛戴與景仰，彷彿像在談論家族長輩那樣的尊敬仰慕，深厚之情可見一斑。

獨特市場定位，
擁有穩定充足的客群

同華工業持續出產 Fleming Yachts 遊艇，但在 2008 年金融危機的影響下，2009 年僅出口 8 艘船，比前一年減少一半產量，然而其獨特的市場定位讓訂單在隔年立即回升原有水準，出口量達到 13 艘。洪榮裕副總半開玩笑但十分認真地說：「我們的船開不快，但從英國出發一路開到直布羅陀，跟那些跑得快的船比誰先到？我們！因為不用停下來加油呀！」笑言中充滿驕傲，「相較其他

在 2000 年左右同華工業於廠內新建測試遊艇的試水池

品牌追求流行，我們的產品外型經典，市場接受度相對來得高，也因此有穩定的客群。」

2010 年時，Fleming Yachts 引進澳洲的船舶設計事務所 Norman R. Wright & Sons，發表了介於 55 呎至 65 呎之間的 Fleming 58，以及將 75 呎增長並重新設計的 Fleming 78。同華維持歷久不衰的外型，不做船殼與甲板的大幅度調整，甚至連內裝的主要配置也大致相同，只隨船主喜好變動使用材質，專注於新式科技的優化，例如引擎動力的提升、陀螺儀的使用、GPS 導航系統等。傳統的外型，市場經過 20 到 30 年接受度還是很高，同華有很多回頭換船的船主，甚至有一位重複買了 5 艘！

世代持續傳承，品質則將永恆不變

目前同華是唯一一間在屏東的遊艇廠，員工約 200 人，與其他船廠相同，多少面臨人力斷層以及師傅技術技藝傳承的困難，而林家第三代也在 2014 年前後逐步加入公司每個部門開始學習並深入了解。面對近年的疫情問題，有著與 Fleming Yachts 穩定堅實的合作關係，僅在疫情剛起、股市波動時稍受影響，美股回穩後訂單立刻回歸；反倒是船運受阻帶來不便，「原料進不來、船好了也出不去，比較麻煩。」林凡生經理解釋。

同華工業傳承至今已歷經三個世代，回想大半輩子造船的生涯，洪榮裕副總豪邁但真誠地說：「做遊艇其實是辛苦的，但這真的是一份值得熱愛與享受的工作！」一路以來，用認真務實的態度打造品質優良的巡航動力遊艇，如同 Fleming Yachts，不落俗套的經典外型之下，飽含的是扎實穩固的技術硬實力，低調平實，源遠流長。

同華工業現今廠內產能滿載、繁忙的造船景象

優雅造船
如同開著手工英式跑車的紳士

有別於現代流行的白奢歐美內裝，經典的流線配上優雅的雙層配色，以及最著名的深 V 船型設計，由內到外都體現古典細緻之美的宏海遊艇，在蔚藍的大海中呼嘯而過，兼顧速度與穩定度的姿態無人能及，像極了海中的手工英式古典跑車。而宏海遊艇便是最懂得如何在一片喧嘩中，穩健地與 Hinckley Yachts 合作近 20 年，並徐徐馳騁這艘「跑車」的紳士。

帶著一手好牌，招兵買馬

2000 年代初，臺灣遊艇產業已經逐步走出 1990 年的臺幣升值危機、整體產業前景重新被看好。許多臺灣遊艇廠開始轉型，從大型量產走向精緻客製化，技術也全面升級，轉為大型且高單價的遊艇製造。在臺灣遊艇產業準備再度閃耀的背景下，原 Grand Banks Yachts 的前廠長 Bruce Livingston 來臺灣接觸了一系列投資者，並由宏海遊艇現任董事長黃益利號召了一些股東共同投資，於 2005 年成立了現在的宏海遊艇股份有限公司。從創立就擁有一手好牌的宏海遊艇，其中最受人愛戴的不外乎是美商品牌 Hunt Yachts，也是宏海遊艇最主要的代理商，其旗下的遊艇皆由宏海遊艇負責製造。

經典不敗，備受愛戴

Hunt Yachts 遊艇的內裝經典、高雅，以高品質、精緻客製化的木工手工內裝著稱，外觀結合流線古典且高性能的船殼設計，創造出在眾多遊艇產品中類似訂製古典手工跑車的獨特味，十分符合位於北美東北部、擁有悠久歷史且掌握良好政商關係的富裕家族的喜好。Hunt Yachts 這樣經典且講

**chapter
07**

OS46 是宏海遊艇生產船型系列中的最小尺寸，但內裝外觀精細絕不妥協，
且性能極佳，時速可達近 29 節

求造船手工的遊艇風格，一路被保留至今，也成為宏海遊艇的
代表形象，像是一位開著古典但性能卓越的英式手工跑車的優
雅紳士。

表現超凡的開創初期

2005 年成立於高雄的宏海遊艇，最初廠房承租於原臺灣機械
股份有限公司於北側廠房，空間寬廣且臨港，十分適合製造遊
艇並直接下水進行海試等相關測試。成立初期大多以包工制度
網羅聘任了近百名手藝高超的師傅，前來協助打造遊艇。可謂
有備而來，摩拳擦掌準備產生一艘又一艘經典巨作。

宏海遊艇首艘製造的船型，為當時的總經理 Bruce Livingston
所引進，是由位於美國且國際知名船舶設計公司 Ray Hunt
Design 所設計的 Hunt Yachts Global 68（後重新命名為
Ocean Series 68, OS68）。Ray Hunt Design 的船型設計都非

常精良，尤其精密計算後的船殼，造就效率極高、性能極佳的遊艇航行表現，其開創的 Hunt Deep-V 船型設計尤其著名。當年所引進的許多船型，像是 Hunt Yachts Global 68，至今仍為宏海遊艇的生產重點。Ray Hunt Design 的設計穩定性佳、阻力低、引起的波浪小等特徵，令許多船務與設計經驗豐富的資深船舶工程師為之讚嘆。

實質貫徹「危機便是轉機」的經營理念

宏海遊艇於創立後發展平順，原以為將一路穩定成長，卻在欲站穩於南臺灣眾多遊艇大廠中的一席之地時，遇到首次的巨大挑戰。2008 年的次貸金融風暴，令當時的宏海遊艇不只失去所有訂單，甚至於接下來的兩三年內，也幾乎失去了所有營收。面對這樣突來的挑戰，宏海遊艇沒有畏懼，既然向外無所施力去改變，便轉為向內進行了第一次的內部調整，由時任總工程師的張建隆接下總經理的職位，大幅重組人事與廠務，並由張嘉豪開始主要代表宏海遊艇與 Hunt Yachts 的溝通與合作。

有著豐富的臺美兩地遊艇代理、廠務經驗，並熟稔遊艇設計與製造的張嘉豪，則出任宏海遊艇的執行長，與場內夥伴共同努力，一起挺過 2008 年的風暴。當時宏海遊艇與 Hunt Yachts 協議成功，共同承擔 2008 年金融危機帶來的虧損，並針對後續船型開模、遊艇製造等環節相互通融、幫助，當年的協商與合作之舉，也讓往後宏海遊艇與 Hunt Yachts 的關係更為緊密。

OS63 是宏海遊艇於 2020 年發表的最新船型，有著純正美國東北海岸船型的設計風格，
配上可以超過 35 節也可慢速巡航的卓越性能，是船主探索 Down East 海岸的最佳選擇

宏海遊艇與 Hunt Yachts 的遊艇設計，多以船主習慣與舒適出發，
邀請船主參與建造與設計過程，來打造自己的專屬遊艇

宏海遊艇藉由外觀與內裝設計營造「家」的氛圍延伸，有適合全家大小的甲板設計，
也有可以選用櫻桃木、桃花心木、以及柚木美式經典內裝

一波未平一波又起

Hunt Yachts 也在 2014 年時，由美國大型遊艇集團 Hinckley
Yachts 併購，成為該集團旗下子公司之一。Hinckley Yachts 在
全美有數間船廠、專攻 29-55 呎的遊艇製造，是全球遊艇產業中
的龍頭之一，但礙於本身產業的組成，其並沒有生產更大船型尺
寸的能力，因此後續 Hunt Yachts 的 50 呎中型遊艇，以及更大
尺吋的 Ocean Series 皆交由宏海遊艇負責生產製造。憑藉著堅
強的實力，宏海遊艇靠著獨有技術，正逐漸從 2008 年的危機中
復甦時，卻又面臨了另一個迎面而來的挑戰——高雄港市共同土
地整治與重新開發。

Hunt Deep-V 的特殊船殼設計，帶來精良的遊艇性能，配上寬敞的駕駛艙，十分適合船主自駕巡航

這波都市更新浪潮雖然迫使宏海遊艇必須從臨港的腹地遷移，然而當時宏海遊艇決議，希望能與長期蘊育自身的高雄市共榮，因此為配合高雄市政府推展亞洲新灣區的重大計畫，宏海遊艇於 2017 年結束成功路台機廠房的營運、並搬遷至大發工業區現址繼續擴大發展，展現其非常的韌性與毅力。

重新出發，乘風破浪

宏海遊艇帶著本身優雅又有底氣的紳士精神，再一次成功地戰勝了眼前的考驗。移到大發廠址後，宏海遊艇生產穩定，每年與 Hunt Yachts 配合銷售，固定製造與出口約莫 2-3 艘遊艇至美國，走穩了保持專業代工的遊艇營運模式。目前黃益利董事長與張嘉豪執行長多數僅參與廠內的遊艇報價、財務、以及成本分析。而張嘉豪執行長的兒子張育銓廠長，因當年有隨著張嘉豪執行長前往中國設廠歷練，表現不俗，回臺灣後便由黃益利董事長親自延攬加入宏海遊艇。現今宏海遊艇之整體營運、造船等廠務，都交給張建隆總經理以及張育銓廠長全權執行。

宏海遊艇的核心團隊十幾年以來相當穩定，在造船技術上，除了延續過往的造船經驗以及聘任資深的工程師與師傅以外，也持續透過與外界合作精進船廠自身工藝。能有此光景，除了其本身的卓越工藝令人願意永久跟隨之外，也因為內部在精進自我的努力不懈與在培育人才上有著宏偉的胸襟。

過去宏海遊艇曾從美國聘請專人，來臺

OS63 的第二號船於 2021 年開始建造，採用真空積層的方式打造船殼

教授廠內師傅真空積層的技術，雖然背負著師傅可能帶著這獨家技術跳槽的風險，但宏海遊艇認為不應該就此因噎廢食，理應保持寬闊的格局與魄力，才能帶動船廠本身乃至於全臺灣的造船技術升級進步。或許就是承載著這樣的使命，宏海遊艇才能一路以來劈荊斬棘，即使遇到鋌而走險的情境，也絲毫不動搖對自我的期許，繼續乘風破浪地向前航行。

經典必須傳承才能永好

從 1970-1990 年代遊艇業的全盛繁華時期，一路經歷兩次經濟危機，到了現在全新面貌的遊艇產業，要說進步卻也還有許多數十載仍停滯不前且令人憂心忡忡的地方。張嘉豪執行長對此也直言，

期待未來宏海遊艇能朝向「造船模組化」發展。

遊艇業在臺灣雖然技術上發達，卻僅停留在製造階段，遲遲無法發展成更全面、多元的產業，使得年輕人跟遊艇業之間距離遙遠，尤其是木工技術端，長年欠缺新血加入，疫情爆發期間導致生意的不穩定性，更使得許多本就已經存夠退休金的老師傅更加深退休意願。因此，為因應老師傅退休、新血不足等缺工問題，唯有學習歐美以高度精緻的機械化與模組化才能克服此產業危機。

人才培訓與經驗傳承依然是宏海遊艇未來重要的方向，宏海遊艇認為遊艇產業不管發展到哪個階段，師傅的手藝與經驗都是十分重要的，尤其在以高度客製化自由為優勢獨步全球的臺灣遊艇產業

中，期待宏海能朝向以師傅手藝領軍、配合機械生產的高品質但大量製造的模式。宏海遊艇也再次強調，遊艇製造業並不像科技業一樣講求時效與速度，需要的更是長年累積的信譽、經驗以及傳承，非常適合年輕人將遊艇產業當成一輩子的歸宿。

盼望喚醒臺灣人民的海洋基因

COVID-19 疫情的爆發，除了使得缺工危機更為顯著外，也令強調客製化與專攻北美富有家族的宏海遊艇，無法讓重視實際玩船體驗與質感的客戶前來臺灣看船、當面討論材質與室內設計，因而需要花比以往更長的時間確定設計等細節，使得整體產線有稍微拖延的狀況。同時也因為疫情因素與中美貿易戰的延燒，臺商回流直接帶動的廠房與設備價格攀升，購買廠房更加不易。此現象讓當初搬遷至大發工業區時，以租借形式遷入廠房的宏海遊艇相當苦惱，宏海遊艇期待未來能找到屬於自己的廠房、不再漂泊，也希望政府可以正視遊艇業對臺灣經濟體的重要性，提出相對應策略，協助臺灣遊艇業能有足夠的臨水、近港口、且腹地廣大適合造船的土地。

宏海遊艇認為隨著人們能動用的資源與資本越來越多，越來越重視生活與休閒，且海洋是一直刻在人類基因裡的追求，一定會有越來越多的人想要親近海洋，進而買遊艇享受海洋生活，也因此，遊艇產業於未來幾十年間不僅不會消失、更會蓬勃發展。期許於不久的將來，臺灣遊艇業能效仿歐、美、澳洲，發展成全面性的遊憩產業，並改善法規與行政在遊艇活動上的友善程度，讓國內如此強盛且具優勢的遊艇製造業能與國內需求相對稱，進而全面提升臺灣人民的消費水準與經濟水平，讓大家都有機會成為能品味經典手工遊艇的船上紳士。

OS76 是目前宏海遊艇與 Hunt Yachts 合作的最大船型，精緻的
內裝與外觀下，隱藏著可以輕易超過 31 節的性能設計

以品質建立長遠合作
用認真克服萬事

—— Asia Harbor Yacht Builders Co., Ltd.
亞港造船股份有限公司

2017 年，董事長林高水與總經理林立成連袂出席在美國羅德島舉辦的 Kadey-Krogen Yachts 40 週年船主聚會，現場超過 180 位船主起身向亞港造船鼓掌致敬，感謝亞港打造絕佳的遊艇，乘載每位船主探索無邊的海上世界，掌聲久久未息……

成長於造船聚落，出身從木工專業

1950 年代，日治時期所設立的造船廠轉為民營，過往的專業人士紛紛自立門戶，各家廠房匯聚於臺南運河邊形成造船聚落，這裡也是亞港造船創辦人林高水從小生長的地方。出身於將軍區的濱海小漁村，9 歲時隨父母搬遷至此，知名的南臺造船廠與新生造船都是他童年時期的左右鄰居。

因家境所需，林高水國小畢業即進入南臺造船廠從學徒做起，當兵退伍後也曾到東港船廠擔任包工，建造鮪釣漁船。1972 年他結束東港的造船業務回到臺南，正逢新生造船與大橋遊艇合作、籌備創立大新遊艇，他再次離開家鄉，北上到大橋與大舟遊艇擔任木工，同時接受遊艇製造的專業培訓。1973 年的中秋節過後，當時已受訓完成的林高水聽聞高雄的中華遊艇恰好在尋找木工，因此又再度返回南部，到中華遊艇承接木作工程。這時候的林高水，已是手藝精湛、能夠獨當一面的木工包商。

林高水以木工為專業，並善用當學徒的閒餘時間觀摩其他部門的施工過程與成果，對遊艇製造的每個步驟都下過一番功夫研究，並親手實作至融會貫通，奠定後來創業開設船廠的基礎，「因為從小家境不好，想要賺點錢，所以在造船上也比較認真啦！」他謙虛地表示。

2011 年，林高水董事長與來臺看船的客戶
在完工的遊艇前合影

2020 年，林高水董事長與林立成總經理在墾丁與船主合影

高超的手藝與誠懇的做事態度逐漸受到國外代理商與船主的賞識，甚至想資助林高水自立門戶開設船廠，但另一方面，仰賴他出眾能力的中華遊艇亦不願放手，最終達成協議—由中華遊艇與其他合夥人共同創辦「建品企業」，林高水則使用原公司的廠房設備承接訂單，並以中華遊艇的名義出口外銷。

當時林高水率領師傅們製作的帆船於安納波利斯船展（Annapolis Boat Shows）展出，恰好被美國的 Kadey-Krogen Yachts 管理階層看見，對於如此精良的造船水準相當驚豔。過去長期與臺灣船廠合作的 Kadey-Krogen Yachts，相當熟悉在地的產業狀況與產品品質，幾乎不可置信臺灣南部的船廠能夠有這樣高水準的造船品質，於是輾轉循線來到高雄，由創辦人 Art Kadey 及 Jim Krogen 和林高水談定往後的代工合作。

自立門戶，
困難重重的亞港初期

隨著遊艇市場漸趨火熱，業務量日益增加，林高水著手尋覓更大的造船空間。最初的廠房並非位於現今位置，而是先以租用廠房代替，原在高雄前鎮的加工出口區周邊，後又遷移到岡山、大寮等地，直至 1991 年匯率較為穩定，才終於有能力買下現在的小港廠房。

1988 年時亞港造船正式創立，也是林高水以自己的名字與船廠出口船舶的起點，然而適逢臺幣不斷升值，美國代理的遊艇造船生意越發艱難，在財務不斷虧損的處境下，他決定先暫停美國線的造船與出口業務。此後公司營運幾乎停擺，原有的遊艇建造與出口工作多無運作，加上無人脈投資亞港、申請青年創業貸款亦處處碰壁，出於無奈，林高水只得將名下僅餘的兩間房子脫手，換現金租房度日，「那時候都沒工作可以做，也不知道怎麼辦，每天就是待在家裡打電動！」林高水回想起這段艱苦的時光，至今歷歷在目，現擔任總經理的兒子林立成也補充當時的困境苦笑說：「那時候租房子也遇過房東收租，但我們沒錢繳，只好裝不在家。」

為了突破窘迫的狀況，林高水在因緣際會下開始承接往來臺灣與離島之間的交通船造船業務。因船隻品質穩定、性能優良，深受市場肯定，1990 年代初期承接澎湖、金門等地超過 20 艘的製作訂單，這些重要經濟來源讓亞港順利渡過財務危機，林高水亦與澎湖居民及漁民建立起真摯的情誼。即便後來結束相關業務，也時常協助漁民或交通船船主維修船隻、改善航行問題，直到現在，林高水在澎湖的船艇修造領域依然相當受尊敬。

國內交通船以外，亞港亦主動拓展日本市場，接下三井集團（三井グループ）等大型公司或老闆的造船訂單，建造遊艇與各類型客製船艇，例如協助日本 Sogo 百貨公司（株式会社そごう）在廣島建造市區內河的遊覽船，整艘船隻的甲板與頂棚可油壓升降閃避內河的橋樑，獲得日本國內專利。

公司漸趨穩定，與 Kadey-Krogen Yachts 獨家合作

時至 1992 年前後，匯率逐漸穩定，美國政府撤銷奢侈稅，遊艇訂單陸續增加，亞港造船順利在小港落腳，新廠房設備也更加適合現代的遊艇建造，鞏固了後續與各家代理商的合作，其中 Kadey-Krogen Yachts 更具有舉足輕重的地位。

有別於其他品牌，Kadey-Krogen Yachts 是少數在 1980 年代即追求「真正生活在遊艇上」的遊艇品牌，其箇中價值只

有當時為數不多的資深水手、船長，或者玩船經驗豐富的客戶能體會，而多數選擇 Kadey-Krogen 的已退休或鄰近退休年齡的船主，著重可自給自足的船上生活，以及安全無虞地航行探索世界。

這般講求實用性的船型，擁有外型設計不會時常變動、內裝也較為統一的特點，木工出身且熟知每個造船環節的林高水，將造船步驟的各個細節編纂成教學手冊，讓新進學徒可一步步跟著前輩快速上手。

將工作內容 SOP 化，也應用在公司內部的倉儲與會計。林高水自行摸索、設計電腦表格，將每一種材料依序編號，建立可按照號碼叫貨、進而節省人力成本與增加效率的管理流程，「每個環節我都會一直改良，其他人還不一定學得來呢！但只要有人要學，我都會教！」林高水大氣地表示。

1990 年代，美國遊艇市場逐漸轉為成熟，越來越多步入退休生活的船主開始將 Trawler 這種慢速遊艇作為首要選擇，扎實耐用、品質優良的 Kadey-Krogen Yachts 訂單源源不絕，而支撐其鞏固市場的重要盟友即為亞港造船。自 1991 年起，Kadey-Krogen Yachts 轉為只委託亞港建造遊艇，亞港則從 1995 年開始，亦只出產其遊艇，至今形成非常緊密且親密的合作關係。如此發展至 2008 年前，亞港造船規模已經達到 100 多人，每年出口數量超過 15 艘。

完工的 Kadey Krogen 遊艇吊上貨輪準備出口

世代交棒，
挺過動盪時局的接班人

現任亞港造船總經理林高水的兒子林立成，於 2007 年時回公司開始接掌相關業務。從小接受父親培養，課餘時間總是在船廠各部門實習，對木工、水電、配管、FRP 等流程皆相當熟悉，大學就讀國立成功大學系統及船舶機電工程學系，當兵時亦執掌艦上輪機，進公司後更將學院專業以及服兵役時的實務經驗帶回亞港廠內，引入多項與時代俱進的技術。然而，學習接班的過程中，林立成與父親的關係不是從一開始就十分順利。

一如要求造船品質高的林高水對孩子要求極高，並沒有因為是兒子而放水，反倒更加嚴格，雙方不同的價值理念造成不少摩擦與爭執，「那時候真的被罵很慘啊！但我也告訴自己這是必經之路，透過我自己跟自己對話來調適。」林立成苦笑。回到公司的隔年，金融海嘯來襲，餘波盪漾至 2010 年才讓原本訂單穩定充足的亞港受到衝擊，從 15 艘以上的船隻數量一下子掉到不足 5 艘。這時與 Kadey-Krogen Yachts 的緊密情誼再次成為公司的重要支柱，一如當年商議暫緩出口、挺過臺幣升值危機，Kadey-Krogen Yachts 承諾，若無船主下訂，仍會先訂船作為庫存，而亞港亦提供部品或零件贈送等優惠作為回報。在努力協作之下，整體市場在 2012 年後逐步回溫，彼此業務也漸有起色。

而辛苦大半輩子的林高水，原打定主意在 2005 年退休，但為了完整交棒給兒子，最終待到快 2010 年才真正離開公司。那天下午，他走進兒子的辦公室向林立成表示：「我要退休了，之後就不會來了。」當時以為是玩笑話的林立成未放在心上，隔天上班前赫然發現老董事長還坐在椅子上睡覺，才驚覺林高水真的退休了，「從那天起，我有問題問我爸，他都說他忘記了，說到亞港也從『我們公司』變成『你的公司』！」

林立成又是佩服又是無奈地回憶道。因此在金融風暴後最艱困的那幾年，亦都是林立成一肩扛起，磨練出掌舵的大將之風，更與廠內的師傅建立起革命一般的情感。林立成幾乎是心有餘悸，卻又雲淡風輕地笑說：「那時候最痛苦的，就是沒錢沒訂單卻還是要跟是股東之一的我爸報告了。」

現在的亞港已由林立成主導，員工近 80 人、每年出口 8 艘左右的 Kadey-Krogen 遊艇，一樣堅守過去以小船為主、謹守利潤的做法，同時提供更多元的客製化選擇、增加船型尺寸。林立成說明以前造船時，因船主幾乎不會特別要求內裝與外觀的更動，「所以備料都是 10 艘的份，08 年後就找不回以前那樣的客人了。」公司必須因應市場需求而改變，並提升客製化生產的能力。

亞港造船之前開模時架起的船殼模具骨架

亞港造船廠內正在施工的船殼內結構

亞港造船   103

遊艇父子檔，
關懷海洋也關注產業

林高水則在正式退休之後，與夫人倆駕著自造的船，掛上漁船牌，開啟近十年生活於船上、環遊臺灣的旅程，憑藉造船與航海的經驗，遇到船隻排水孔堵塞、船艙淹水，甚至航行時遇上龍捲風，都是自己一手包辦。

旅途中認識的許多臺灣漁民，也讓林高水看到現存不合理的海洋文化與用船環境，無法坐視不管的他甚至自掏腰包設計新型且便宜的漁船，期望取代原廣泛使用的膠筏等小船，更協助各地漁民改善船隻設計，「臺灣漁船有很多潛在的危險，排煙管、油路都危機重重，膠筏甲板又離水面太近，一個浪來或者一個故障，都讓船上的漁民非常危險。」林高水認真地說道。

談到造船與遊艇產業，他認為臺灣若沒有好的環境提供發展，便會一直裹足不前，走不出這塊土地自身的價值，林高

與代理商合作開發的新型遊艇全新完工，
亞港造船全體員工在遊艇前合照紀念

亞港造船老董事長林高水年輕時與他親自設計的船模合照

水揮著手說：「沒有環境、就沒有實驗、也就沒有改良與突破。就像現在出海還是要報關，漁業署管的漁船卻是海巡署來查，這就是在為難漁民百姓也為難基層的阿兵哥。」在第一線的林立成也從另一個角度看到相同的問題—缺工。從過去到現在都堅持以自有員工生產的亞港，幾乎沒有聘請過包工，在現在人力缺乏的環境下更是珍惜這些從新人培養出來的師傅，「我相信臺灣有很多人才，但沒有地方讓他們揮灑，真的非常可惜！」林高水十分惋惜。

未來人才的育成及產業環境的革新，已是整體遊艇業現正面臨、且必須持續關注的課題。亞港具備標準化的流程管理和系統化的人才培訓方式，加上獨有的 Kadey-Krogen Yachts 合作以及絕佳的造船品質，未來發展長遠且穩定。然而，這對遊艇父子檔深深期盼臺灣能有更完善的環境，能讓各路精英站上舞台一展身手，產業共好、一同進步。

2017 年，林高水與林立成連袂出席在美國羅德島舉辦的 Kadey-Krogen Yachts 40 週年船主聚會，現場超過 180 位船主起身為這兩位臺灣人鼓掌，感謝亞港打造絕佳的遊艇，乘載每位船主探索更遠大的世界。期許不遠的將來，臺灣也有更多人加入賞船、玩船的行列，親身感受遊艇與海洋文化的美好。

—— Alexander Marine Co., Ltd.
東哥企業股份有限公司

在美國遊艇碼頭，一定會看到東哥遊艇，不論是經典的 Trawler、Pilothouse、Sportfisher，或當代強調流線飛橋的動力遊艇，以及現今主打艙內容積的垂直型船艏設計，悠然自得地在陽光下與海輝映。在這些不同時代風潮的東哥遊艇上，我們可以看見相同醒目的 Ocean Alexander 標誌。這源於創廠第一天推展至今的品牌經營，也基於決不妥協的造船堅持，讓東哥從南臺灣一間小廠房發跡，獲得世界船主信賴，成為全球前三的豪華遊艇製造船廠。

大時代下輾轉兩岸三地的成長軌跡

時光倒轉回到以第一次國共內戰為背景的中國，東哥的故事要從這裡說起。1932 年，關詒流出生於福建永定縣堂堡鄉三堡村，家族原從事菸草生意，但 1945 年日本戰敗時，關詒流已因戰亂失去雙親，逃至廣州。當國共內戰再次爆發，青少年的關詒流與一群孤兒逃難至香港，在英租界打工為

老董事長關詒流與夫人結婚的紀念照片

老董事長闞詒流與同利路最初的廠房合影

生，闞詒流曾說：「我們只是希望逃離那場永不停止的戰爭。」幸運的是後來在工地被親戚認出，因此脫離流浪並重回學校，但 1949 年又因中共政權建立而迫遷臺灣；1953 年闞詒流進入了鳳山陸軍官校，開始長達 17 年的軍旅生涯，官至上校並擔任營長；1969 年時退伍並與夫人結婚，於臺北市從事鎖鑰五金事業。

轉身投入造船，
源自對友人的鼎力相助

1970 年代初期是臺灣遊艇產業正要蓬勃展翅的時候，一位朋友也趕上這波熱潮在基隆八斗子一帶附近成立造船事業，製造美國遊艇設計師 Arthur DeFever 所設計的 40 呎 Trawler，向闞詒流籌措資金；然而，船廠建好了、船模開好了，這位友人卻遲遲無法找到買家，因此提議以當時高雄一間大型遊艇廠「連雄企業股份有限公司」的股份做為投資補償。闞詒流最初與友人建廠開模時已對遊艇產生莫大興趣，南下高雄估量後也認為後勢看漲，因此在 1973 年同意接下連雄企業的股份，而陸軍出身的他從此轉身投入遊艇造船產業。

闞詒流接手股份後即來到連雄任職，當初與友人開模的 Trawler 也移到高雄生產，到 1980 年代停產前總共製造了超過 200 艘。老廠長郭水吉回憶到：「老老闆最厲害的是他會講英文，因此搶得先機可以與代理商溝通，船也就賣得特別好！」外語加上在軍中磨練出的管理能力，讓他深受當時各大股東信任，因此

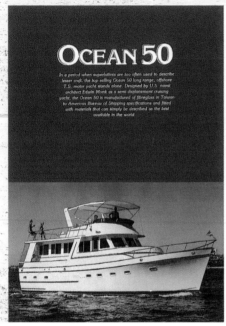

東哥遊艇的起家船，1978 年由 Ed Monk Jr. 所設計的 50 呎 Mark I Classic 以及當年的遊艇型錄

當連雄企業大股東另創先啟遊艇時，就將所有股份交給闕詒流，同時請他到先啟遊艇擔任總經理。現任總經理曾雄威笑著說：「老老闆當時可是同時身兼連雄、先啟、有成、富誠的總經理，那時候可以每天出一條船！」

船廠創立於東哥的鋼鐵意志

隨著闕詒流的造船口碑逐漸累積廣為人知，歐美代理商開始前來探詢各種合作的可能。其中一位曾經向闕詒流訂過 3 艘 Trawler 的西雅圖代理 Jerry Schei，走進先啟遊艇帶來 1 艘由美國著名遊艇設計師 Ed Monk Jr. 所設計的 50 呎遊艇草圖；然而，在 1970 年代動力遊艇最大僅約 45 呎，先啟的老闆們覺得可行性不高而拒絕。

闕詒流卻看到了其中潛在的商機，只是當時連雄並沒有足夠的廠房；因此在 1977 年他決定離開先啟遊艇，在小港同利路上以他的綽號「東哥」為名創立了「東哥企業股份有限公司」。原在先啟擔任帆船組長的郭水吉，對東哥創廠過程印象十分深刻，他笑著說：「民國 67 年 3 月 5 日下午 4 點半領完薪水就去東哥新廠參觀，老老闆說：『老弟，廠房好了，你甚麼時候過來？明天就來上

東哥遊艇至今仍保留傳統木工師傅對於手工技藝的要求

班啊？』我東西收收，隔幾天 38 婦女節就到東哥工作了，當時屋頂都還沒蓋好呢！」

創廠之初，闕詒流為了節省成本而與客戶共同持有模具，並從連雄、先啟等船廠招募了約 70 名員工分成木工、電工、鐵工、油漆以及塑膠工 5 組，五金則向外採購。在銷售端，闕詒流導源自他的英文名字「Alexander」建立「Ocean Alexander」，從創廠第一天起就主打自有品牌，從未為他人代工；通路主要委託 Jerry Schei 代理銷售，而船型設計則是委託 Ed Monk Jr. 執行。

東哥的「起家船」就是那艘 Ed Monk Jr. 所設計的 50 呎 Mark I Classic，是當時遊艇中尺寸極大、船型前衛的創舉。1978 年的一號船完成後拖到船展碼頭幾乎是現場最大的船，馬上吸引船主目光而大賣，6 年內就賣出了 92 艘。

東哥初期的成功，除了奠基於對市場的洞察先機以及與代理商的緊密合作，更歸功於闕詒流對造船專業與工廠管理的鋼鐵意志。雖然他嚴厲如將軍，但代表的是他對船廠夥伴與品質殷切期盼；闕詒流也慈祥如父親，十分重視每一位夥伴，總是在同仁需要幫助的時候，給予最真摯的協助。郭水吉回憶：「老老闆總說，船就像我的

順應船型越做越大，在 2005 年動工、2007 年啟用的東哥遊艇金福廠

東哥遊艇持續更新造船技術與品保認證，照片中為真空積層技術以及積層完成的船模

女兒，船出去就像嫁到國外一樣。做船的就像化妝師，幫她打扮好出嫁，缺廠內任何一個夥伴，船就不會美了。」

計畫性生產的先行者

進入 1980 年代，東哥持續發展動力遊艇，在 1983 年發表了劃時代的 70 呎遊艇「Night Hawk」。在那個年代不僅破臺灣造船記錄，當時全球也幾乎沒有其他船廠用 FRP 生產這麼大尺寸的遊艇，1984 年完工後在船展的碼頭展出，再一次成功攫獲船主青睞，在兩、三年內，同款 70 呎以上遊艇下訂超過 6 艘。

而為了更進一步抓住船主的心、讓東哥成為引領潮流的品牌，闞詒流決定 Ocean Alexander 每年都要推出新船型，或許是開新船模、或許是用原船殼去調整，一定要做出內外形式皆不同的遊艇系列。在東哥的廠內，同一組模具不僅可以微幅調整尺寸、甚至可以變化出高達 12 種不同的甲板與空間規劃，例如：Sedan、Flushdeck、Pilothouse、Double-cabin、Motoryacht、Cockpit Sundeck、Yachtfisher 等，而每個船型也有空間讓船主客製化調整。

代理商十分喜愛這樣的彈性，讓客戶有更多的選擇，進而促進成交可能，如此也讓東哥與代理商建立起與眾不同的合作模式。當時闞詒流將整個美國分區，區內有廠商想合作，須至少先向東哥抓 3 條船才能成為代理；每艘船動工前，代理須先付訂金，船完工出口前會先發電報，待對方信用狀開立或後續款項入帳後，才會出船；而且如果代理商無法達成與東哥約定的業績，闞詒流就會將代理權收回。郭水吉說：「要做東哥的代理不容易，老老闆都會先評估對方資本，秤秤對方的斤兩。」

在推出新船型的同時，闞詒流對於造船技術的精進不曾停下，不僅持續從德國進口工具與儀器提升技術，甚至在 1982 年開始聘

請美國知名船廠 Uniflite 的創辦人 Art Nordtvedt 來臺協助生產模具與優化製程。推出或調整新船型時，為了確保遊艇的平衡與性能，東哥皆會與 Ed Monk Jr. 進行計算與討論。

到了 1980 年代末期，東哥廠內已有超過 200 名員工，一年出口量超過 60 艘，已是當時國內最重要的船廠之一。現在的總經理曾雄威，當時剛從成功大學畢業，因為看得懂工程圖又會講英文，就這樣誤打誤撞進了東哥；他回憶起這段往事，有點靦腆地說：「上班第一天就去出船，什麼都搞不清楚就到碼頭去了，然後還在船上抽菸，就被老師傅罵了，哈哈！」

轉換市場與堅持品牌度過 90 年代危機

到了 1990 年前後，除了臺幣升值與美國奢侈稅的挑戰，更令東哥傷感的危機，是堅定的夥伴 Jerry Schei 與夫人 Kristi 因飛機失事而去世。面對美國大環境改變與失去主要代理，東哥不得不重新調整產線與人事，並開始將市場重心轉向歐洲。

那時為了跟上歐洲市場，不僅將生產單位改成公制、電系調為 220 伏特，全數船型也大幅調整。所幸，在 1992 年終於接上德國杜塞朵夫 (Düsseldorf) 的 Paul 與 Marita Gast，促成當時最成功的代理合作；陸續也拓展至丹麥、義大利、法國、瑞典以及荷蘭的代理，順利協助東哥度過危機。此外，當時許多以香港為據點的機師，以及因經濟起飛而崛起的亞洲富豪，也是支持東哥度過那個年代的重要契機。

在這段危機中，東哥還是不斷推出新船，像是原本的 Mark I Classic 改款為 423 Classico Design 成為銷售主力，後續也推出 40 至 60 呎的船型；更開始與代理合作辦理船主聚會來凝聚情感，像是其中一位當時少見的女性船主 Carol C. Lee 就與美國代理合作，自 1991 年定期舉辦聚會並發表季刊與紀錄船主資料。

曾雄威苦笑說：「當時老董事長其實很緊張，性情中人的他，每次開會都罵人！加上那時候匯率問題，以往一年調漲一次的價格，那時可

以一年調三次！」就這樣，東哥憑藉著過去深耕的品牌價值，以及代理商及船主建立的深遠人脈，有驚無險地度過了這次危機。然而，在 1998 年，老師傅口中具有鋼鐵意志的關詒流，卻因為長年在前線打拼積勞而不幸中風；幸運地是，老老闆復健良好，管理幹部也自動自發地領頭前行，但當年 66 歲的他已經再也找不回最初的在船廠拍桌子怒吼的活力了。

船廠傳承於世代爭執與父子羈絆

現任董事長關慶承就讀於美國名校芝加哥大學，雙主修經濟與心理學，畢業後進入 Mitchell-Madison 管理顧問集團任職。在得知父親的身體狀況後，旋即回國進入船廠開始協助父親，第一步就是到現場參與每個造船環節，此舉益於日後管理，也贏得現場師傅的信任與尊重。然而，世代與東西文化間的差異，讓父子總是爭執，對此感到無奈的關慶承也曾短暫離開，重拾追求博士的人生規劃；然隨著關慶承與東哥的造船事務牽絆日深，伴著老董事長逐漸放手，父子間的緊張也慢慢舒緩。

關慶承回到東哥的第一件重大決定，正是在 1999 年買下西雅圖與加州的代理，將遠在美國的服務與銷售，與臺灣船廠內部生產製造整合，打破過去船廠僅能掌握生產製造而無法得知市場脈動的處境。買下代理的決策，可說是根源於老董事長的遠見；在過去資訊不流通時，關詒流都會固定與代理開會了解市場流行來推出相應船型。曾雄威說：「代工出身的老老闆知道代工走不遠，因此創立東哥後就打定主意要做品牌，而做品牌就會接觸到不同的人與資訊，對產業與市場的看法會與他人不同，敏銳度也更高。」

買下代理後，關慶承時常臺美兩地來回，身體力行地掌管船廠，了解銷售過程，包含市場的動向、賣船的方式、船主的用船習慣等，再將資訊帶回公司船廠。關慶承說：「買下代理前，我只能了解內部生產狀況，對於外部市場與船主需求是不清楚的，但兩方的資訊我都想要。」

到了 2002 年，年僅 28 歲的關慶承已經成為東哥企業的掌舵者。西方教育背景的他，展現出大度與自由的氛圍，讓夥伴感到更為親近自在，也更勇於創新。他笑著說：「如果我不是老闆的兒子，我早就被開除了！我猜父親應該是很開心兒子願意回來，但也對他的權威被質疑感到憤怒。」

逐步理順船廠與品牌之間的分進合擊

邁入 21 世紀後，在船主的追求下，東哥造船尺寸越來越大，以 70 至 74 呎為基礎，突破 80 呎，並往百呎邁進，同利路廠房也因此重建拉高高度。另一方面，尺寸越大的船型較不適合當時歐洲船主的需求，隨著市場回溫以及美國銷售團隊的建立，重心也逐步調整回到北美。當時在美西的銷售團隊由當地人組成並遵循美式文化執業，配合銷售據點還有維修船廠與碼頭，且由西雅圖出身的 Ed Monk Jr. 擔任主要設計師，東哥以十分在地的姿態順利切入市場。

此外，順應中國改革開放的勢態，東哥在 2000 年代西進上海設廠，主要生產 45 至 54 呎的中型遊艇；現今金福路廠房也於 2005 年開始動工，並在 2007 年啟用。時至 2008 年，東哥在臺已有超過 300 名夥伴，上海廠也擁有超過 300 名員工，並成為全中國最大的遊艇廠。不同船廠分工配合美國自營與代理銷售，合併出口量一年可達近百艘，躋身全球超級遊艇製造船廠的第 16 名。

逆著金融海嘯風險下的靈活成長

08 年金融海嘯的浪潮拍打船廠大門時，承擔製造到銷售兩端成本的東哥，此時遠比其他船廠面對更大風險；再者，隨著當時東哥船型已突破百呎，生產期較長且出口數量少，沒辦法像 1990 年前後的小船時代，以出口船數分擔風險。幸運地是，當時較大船型的較長工期，讓東哥在 2010 年前後才開始受到海嘯衝擊，有更多時間可以準備。長期建立的品牌也在此時展現價值，基於過去口碑，還是有船主客戶前來詢問，配合手握銷售與生產的東哥，可以更加靈活的調整交期與售價來應對，以優惠方案等配套依然能夠挹注訂單來消化庫存。

面對逆勢，東哥趁勢重新審視船型系列，將原本近 20 個遊艇船型縮減至 6 種，以 50 至 80 呎為主、最大超過百呎。曾雄威補充：「當時雖然沒有開發新模具，但變動幅度之大，讓船主都以為我們的 Remodel 是開了新船。」另一方面，東哥為了對應船主追求更大尺寸船型的需求，與美西專門製造 150 呎以上超級遊艇的船廠 Christensen Yachts 合作，由對方代工拓展更大船型至 120 呎。

同時，東哥也開始面試新的遊艇設計師，希望重新設計全部船型的外型與內裝，以全新面貌強勢掌握海嘯後的市場。在與許多設計師商談面試後，最後決定與 Evan K. Marshall 合作；而出身紐約的他與東哥合作後開始協助整個系列的重整，不僅保留了 Ocean Alexander 美西遊艇特色的本質，更加

1998 年東哥遊艇的夥伴大合照 第二排左四為現任董事長闕慶承、左五為老董事長闕詒流

2017 年東哥遊艇正式上市掛牌

入適合全球船主的設計，配合全廠將士用命，成功在海嘯後抓住船主的青睞。

貫徹計畫性生產，確立當今市場版圖

深度了解美式玩船文化的 Marshall，執業於倫敦，可以第一時間掌握引領遊艇新話題的歐洲流行圈。他的獨到之處，不僅是能夠基於美國船主的需求融合歐洲新潮流，更在於能夠配合東哥計畫性生產的步調，每年開新船，創造出引領市場時尚的遊艇系列。Marshall 回顧與東哥超過十年的情誼：「與 Ocean Alexander 合作最具考驗的是要在量產與客製化中找到平衡，這很有意思，也是一項很有趣的挑戰。」

渡過金融海嘯後的餘波蕩漾，東哥持續貫徹掌握製造至銷售端的計畫性生產，成功建立了一個以生產主導銷售與代理，再由通路與設計汲取船主喜好後快速調整船型，進而掌握市場話語權的商業模式。能達成此種營運模式，除了具備堅強的銷售團隊與國際知名設計師以外，更重要的基礎在於能夠適應市場流行快速改變的船廠產線。曾雄威說：「東哥對市場的敏感度很高，開發的速度也很快，同樣的東西歐洲可能要 3 年，東哥只要 1 年就可以了！」

到了 2014 年，Ocean Alexander 除了原有的美西團隊外，正式與美國最大的遊艇代理 Marine Max 合作拓展美東通路，2018 年進一步建立澳洲銷售據點以分散風險；為了擴充品牌的船型廣度，2016年也取得佛羅里達州的 Merritt Island Boat Works（MIBW），專門生產 70 呎以下的中小型遊艇。配合這些據點提供專人售後服務與社群經營，逐步完善銷售版圖與強化品牌價值。

隨著船廠運作與品牌形象逐漸穩固，船型尺寸也逐步增長至以百呎以上，東哥在 2017 年跨出了全臺遊艇廠的第一步：上市。過往船廠多因高度客製化、代理掌握通路、船運與工期導致的交期不穩、售價高昂無法庫存等因素而不願上市；然而，東哥獨到的營運模式恰好克服這些困難，可以透過掛牌與市場分享獲利也取得資金擴大規模。而近年因疫情所帶起的股市與買船熱潮，秉持計畫性生產與上市的東哥也因此受惠，營運表現創下歷年佳績，股價攀上高點。

深化品牌，為船主探尋的下一塊拼圖

在成為全球頂尖的路上，東哥的生產品質與流程已發展至取得多項國際品保與船籍認證，以及全面電子化的 ERP 系統；在美銷售也橫向拓展各品牌的代理，成為美西最大遊艇代理商，包含 Azimut 與 Tiara 等。此外，東哥也在籌備於美國開拓遊艇碼頭、融資、保險等服務，待時機到來將成為未來重要業務之一；但考量營運現況，以提供船主最好的服務與選擇為核心，開發與推出新船仍然是整體業務的重中之重。

2022 年邁入 45 年的東哥，即將迎來船廠的第二個 25 年；當初由老老闆的意志堅持而來的造船專業，結合現任董事長切入市場的探針，已經讓東哥從一間小廠房蛻變為有近 700 位夥伴，事業版圖橫跨臺美澳的世界頂級遊艇品牌，不僅是美國船主的首選之一，也在《Boat International》的 2022 年豪華遊艇船廠排名登上全球第 3 名。闕慶承笑著說：「船主不會因我而買 Ocean Alexander，他們會因為 Ocean Alexander 的歷史、傳承、品質、設計而買，幸運的是我有一群讓我相信與倚靠的造船夥伴！」

東哥遊艇與 Evan K. Marshall 合作設計製造的 Revolution 系列

造船浪行者
精準掌握工藝與經營的

—— Bluewater Yacht Builders Ltd.
南海遊艇製造股份有限公司

緩步踏進南海遊艇船廠，仍能看到一艘一塵不染的 Vagabond 靜靜地待在角落，優雅順暢的流線型船頭、潔白光滑的漆面船殼與油亮的柚木甲板相互襯托輝映，若非特別說明，完全不覺得這艘 Vagabond 船齡其實已近 30 年。她保養得是那樣光采如新、悅目宜人，好似只要安上桅杆，便能立刻出航至任何地方展示她的驕傲與美麗。

從實務學習到出師，承接南海遊艇

1970 年代是臺灣遊艇製造產業日正當中、蓬勃發展的階段，而 1970 年代也正是陳朝南退伍後開始找工作的年代。並非造船科班出身的陳朝南，看著時下火熱的遊艇製造浪潮，努力地考進了創立於 1972 年的 Bluewater Yacht Builders，這間由外商所創立的船廠，正是後來南海遊艇的前身。

陳朝南在 1970 年代中期進入 Bluewater Yacht Builders，並從基層做起、擔任倉庫管理員，後來逐漸累積經驗、並因為英語能力出眾，獲得當時職掌船廠的外商管理階層信任，開始擔任採購以及現場管理，同時配合主管進行現場翻譯。

透過同時了解原材料價格以及在第一線監管與翻譯的過程中，陳朝南越來越熟悉遊艇建造的每個細節，也逐步摸索出一套屬於自己的遊艇造船製程與管理方式，奠定後來管理南海遊艇的基石。

在接掌南海遊艇之前，陳朝南曾短暫離開 Bluewater Yacht Builders，在北部遊艇產業界闖蕩學習，憑藉著先前的歷練

**chapter
10**

經驗也順利晉身管理職。在 1976 年，也是陳朝南離開的兩年後，他因緣際會下收到回歸並職掌 Bluewater Yacht Builders 的邀請。審慎思量並完整規劃未來的產品通路後，陳朝南毅然決然與兄弟集資合夥，承接下這間船廠並成立了南海遊艇，開啟了他長達半世紀的造船生涯。

擁有國立中興大學企業管理研究所學位的陳朝南談到這段回憶，自然而然的說：「管理其實就是四大重點：業務、財務、銷售、製造，缺一不可！」

承接公司後，面對近百人的員工，陳朝南沒有開除任何一位，承接所有舊有的技術班底再加上新聘適合的配合員工，建立了日後成功營運的重要團隊。這些員工有些至今還在廠內服務且年資已經超過 25 年以上、甚至已經退休再回來廠內幫忙。他平淡但溫暖地說：「對南海遊艇而言，最大的資產就是這些員工。」

接手公司後，陳朝南請哥哥陳朝根擔任第一任董事長，透過建立管理制度、調整生產流程、訂定生產計畫與行程表、和諧廠內運作與進度，同時與歐美市場的代理商協調快速周轉，在接手南海遊艇後的第一年就轉虧為盈。

以經典的 Vagabond 47 拓展事業版圖

當時南海遊艇建造的船型正是帆船遊艇領域至今、經過 30 幾年依然搶手且價格居高不下的 Vagabond 47。這艘由 William Garden 所設計的船型，以顯貴的帆船族系背景、漂亮的水線、在海上航行時穩定動態、以及舒適細緻的內裝聞名於世，種種優點讓 Vagabond 47 從眾多帆船中脫穎而出、頗負盛名。

南海遊艇製造的 Vagabond 47，是當時臺灣遊艇製造中屬於中大型的帆船，加上產品的獨特性、南海遊艇的高品質、高單價，讓南海遊艇在 1980~1990 年代的臺灣遊艇界獨樹一幟。

當時有許多船主搭飛機來臺、陪同遊艇於基隆港下水後，就直接親自開船回到自己的家鄉

南海遊艇曾製造超過 300 艘的 Vagabond 系列帆船，其以漂亮的水線、航行時的穩定動態、以及舒適細緻的內裝聞名於世，是帆船愛好者的終極夢想之一

Vagabond 系列從 1972 年開始製造至 2000 年左右停產，南海遊艇總共建造了超過 300 艘，不僅是臺灣最多也是全世界最多。其中，甚至有 50 艘帆船是船主飛來臺灣、於基隆港下水後，親自開回自己的國家。

陳朝南開心地說：「那時還有一位船主是夫妻一起來訂船，當帆船一年後完工時，他們竟然是帶著一個不到一歲的小 baby 來交船，然後就直接開回去！」

堅持品質做出好口碑

1990 年代臺幣大幅升值，許多廠商因為國內缺工或者生產成本大漲選擇外移；相對的，陳朝南認為品質就是最好的行銷，在遊艇製造這個領域更是如此。南海遊艇在 1990 年代有許多訂單都是老客戶下訂，甚至有客人在 20 年內陸續買了 5 艘船。

陳朝南說：「船主一旦認可南海遊艇所製造的品質，就會保有信任、持續回來維修，甚至再購買新船。」

因此，除了與代理商共同承擔損失以外，南海遊艇以堅持品質、講求 Team Work 的方式，與場內夥伴共同將品質提升到更高一層的等級，並透過維繫與船主的情感以及持續地營造船廠口碑，一步步穩扎穩打地渡過這波危機。

精準眼界對上市場動向

除了堅持品質與維繫船廠聲譽以外，南海遊艇持續拓展著 Vagabond 帆船的銷路。然而在這期間，陳朝南開始注意到帆船市場的萎縮，為了保持競爭力與獨特性，南海遊艇逐步投入動力遊艇的領域，像是 DeFever 41 呎的休閒遊艇就是南海的得意代表作之一，建造數量超過百艘，至今仍能在許多歐美的遊艇碼頭看見。

此外，那時南海遊艇也開始投入主打休閒海釣的 Sportfisher 遊艇並與總代理商 Mikelson Yachts 簽約，成功打入美國市場。Mikelson Yachts 曾來臺遍尋合作船廠，發現南海遊艇技術純熟且品質穩定，建立信任後、與南海遊艇奠定發展至今餘 30 年的合作關係，總出口船數超過了 250 艘。

站穩腳步，展望未來

2008 年的金融海嘯期間，南海遊艇的獲利確實艱難，但幸好 Sportfisher 遊艇的

南海遊艇製造的 Mikelson Yachts 系列遊艇在性能與舒適中取得平衡，十分受到美國船主歡迎

南海遊艇打造的 Mikelson Yachts，外觀雖然流線，但內裝卻具有傳統美式遊艇的風格，
以居家氛圍與頂級實木為主

市場相對穩定，加上廠內夥伴努力與共體時艱，順利地挺過各項挑戰。陳朝南誠摯地說：「我們半世紀來穩定中求成長，最重要的就是這些廠內的夥伴，他們是南海遊艇最大的資產！」

2010 年挺過金融海嘯，南海遊艇持續與 Mikelson Yachts 合作建造運動海釣遊艇，並逐漸將尺寸拉大以應對目前船主的需求，現今最大的旗艦船已經達到 75 呎。近年因 COVID-19 疫情多少有些影響，但整體的訂單其實逐步上升且排程長遠。

目前南海遊艇總員工人數約 30 幾人，是臺灣北部運作最為順暢完善的船廠之一，可以 50 呎至 95 呎等不同類型的遊艇，包含遠洋航行船、運動海釣船、豪華遊艇、動力快艇、敞篷飛橋、或是硬頂飛橋等，可供船主進行選擇。

近幾年的業務發展除了與 Mikelson Yachts 的合作，南海遊艇持續拓展其他業務，包含在 2012 年推出亞洲第一艘油電混合船「uGreen 遊艇系列」，主打義大利設計、臺灣本土的綠能技術，至今已銷售至臺灣、日本、與韓國。

臺灣遊艇界的長青前輩

經營一家船廠業務繁多，看似已分身乏術，而陳朝南卻能行有餘力，倚著對遊艇的熱忱，長年以來相當關心遊艇產業發展，他曾任臺灣遊艇工業同業公會四屆、共計 12 年的理事長（1990~1996、2002~2008），作為推動國內遊艇事務的領銜者，在遊艇公會著實貢獻良多。

南海遊艇在陳朝南的帶領下，至今恰好超過半世紀，在創立至今的三芝廠址持續以嚴格品質、卓越效能、創新設計、

南海與 Mikelson Yachts 聯手打造的遊艇十分適合熱愛運動釣魚與海洋生活的船主，
船主之間也會共同聚會、享受海洋遊憩的樂趣

2012 年南海遊艇推出 uGreen 42 呎遊艇，是亞洲第一艘油電混合動力的遊艇，
新穎流線的船殼線條內仍然有著頂級舒適的內裝

以及自我價值肯定等核心理念於穩定中求成長，並把握「以客為尊」的精神，滿足造船者與船主共同的理想。

陳朝南笑著說：「The weekend or the world. 南海的船就是可以讓船主在週末輕鬆地度假，也可以陪著船主環遊四海！期待未來能為全世界的船主創造更多更美好的遊艇！」

跟著現今為遊艇公會榮譽理事長的陳朝南漫步，走過南海遊艇的各個廠區，他帶著自信與滿意的神情巡看那艘停在船廠內的 Vagabond，這麼多年了，眼裡依然閃著真切炙熱的光，對 Vagabond 的鍾愛之情溢於言表。他開朗地笑著：「這是最後一艘了，我不賣！這是我要留下來當紀念的。」

掌握優雅與精緻的平衡美學

一般優秀的帆船可以透過掌握海流與風力的平衡前進，既能享受短程的刺激航線，也能帶著旅人穩定航行環遊世界；而奎隆遊艇也誠如他們所製造的 Hylas 般，無論現今或往昔，都細膩完美地平衡著成本拿捏與思維策略，在這份無形的平衡經營中，即便偶遇浪潮危機，也依然能堅定展露出對內奮鬥努力、對外應對自適、優雅如天鵝姿態的品牌價值。

機遇來得恰如其分

提到臺灣造船業，就必須談起在造船歷史裡佔有一席之地的黃氏家族，其中黃振明（奎隆遊艇創辦人）與黃振塊（強生遊艇創辦人）兩兄弟因年齡相近、輩份最末，自幼成為彼此玩伴，從務農、做工、甚至於 1970 年時也攜手合作，一同投資建築產業，手足之情溢於言表。

然而，1973 年逢第一次石油危機，合板製造的生意蕭條，當時南臺灣遊艇界的佼佼者連雄遊艇董事長與總經理闕詒流建議兩人不如來做遊艇，並邀請黃氏家族加入遊艇產業，黃氏家族應允後便與聯雄共同成立了有成遊艇。1979 年，有成遊艇由富誠遊艇合併；黃振明、黃振塊兩兄弟則在 1980 年前後，於高雄小港工業區成立了奎隆實業股份有限公司。

時間與經驗淬煉出師

要做艘好遊艇，手藝與經驗當然不可或缺，現任奎隆遊艇董事長黃文林於高工畢業後，便在有成遊艇廠內追隨一位造船師傅「學師仔」，且也曾於先啟遊艇與東哥遊艇廠內待過

奎隆遊艇近年推出的 H57 品質優異且性能出眾，
是帆船愛好者的追求目標之一

一段時間，負責製造船用五金。經驗多了，手藝便巧，黃文林自豪表示：「那時拿沙輪磨鑽床的鑽頭，可以磨出那種直徑不到 1 公分、非常小的鑽頭哦！」

1981 年退伍後，黃文林就近於奎隆遊艇工作，並從第一線做起、打磨基本功，任何再小的工作環節需要支援他都去做；當時黃文林已有五金製造的知識，所以也當起船廠與鐵件廠商溝通設計的橋樑。第一線的經驗讓黃文林累積了深厚的造船知識與眼光，他說：「只要手一摸、眼睛一看，就知道哪裡需要改。」此外，也因為熟知現場作業狀況，從業至今都非常注意師傅與員工的安全。

臺灣製造與國際大連線

奎隆遊艇成立初期自有員工 70 人，也持續與包工配合，每年帆船產量約 15 艘左右，在這樣的經營模式之下，事業穩定向上成長，到 1980 年末每年平均可以製造出 30 幾艘帆船。

奎隆遊艇成立至今，皆以製造 FRP 的帆船做經營主力，在 1980 年代時，訂單以30 至 50 幾呎的遊艇為最大宗，當年造船榮景喧騰， 曾生產超過 300 艘 Kelly Peterson 的 44 呎帆船，模具幾乎還沒冷卻就立刻製造下一條船殼，可見產業興旺程度。

前期造船以代工製造為多，而且訂單多

奎隆遊艇的黃文林董事長是從第一線操作機台、打磨鑽頭出身，對造船工藝十分了解，
對遊艇細節的要求也傳承至每位員工與每個製程

掌握在國外代理以及會講英文的業務手裡；為了更緊密掌握船廠運作，以及期待晚輩更勝於藍，1984 年時，老董事長黃振明把才剛新婚生女的黃文林與夫人鄭琇容送往美國，一整年的時間參加船展、與代理商溝通、同船主交誼閱歷，實打實地練好英文、也學習了解美國船主與市場文化。現在已經是副總的鄭琇容，回憶起剛與董事長新婚的那段時光：「我原本是護理師呢！與董事長結婚後，為了家族事業還去學英文、國貿、以及進出口外銷。」

黃文林與夫人參與國際船展看到適合製造的遊艇，便會與銷售方詢問設計師是誰，後續回臺後再與該位設計師討論合作設計之可能，而帆船設計圖必須跟設計師購買，除了版權費另外支付，每艘遊艇還會讓設計師抽成 (例如前 10 艘抽 3%、10 ~ 20 艘抽 2.5%)，這樣的配合模式漸漸讓奎隆想跳脫代工窠臼、調整經營方針，就此埋下了創立自有品牌之路的種子。

Hylas 初試啼聲

品牌創立前，奎隆遊艇製造的帆船都是美國的知名船舶設計師所設計，如 Stevens 47 是與位在美國羅德島州 Olin and Rod Stephens and Drake Sparkman 的 Sparkman & Stephens 合作；Peterson 46 則是與 Kelly Peterson

奎隆遊艇的帆船設計大方舒適，十分適合船主或者租賃使用，從 1990 年代至今都是加勒比海的熱銷船型，圖中為奎隆遊艇在 2021 年全新推出的 H60 帆船

的設計師 Doug Peterson 合作，兩款船型在當代皆是十分暢銷、於美國東岸租賃市場接受度非常高的船型。

Stevens 47 主要由美國代理商 Bill Stevens 的 Stevens Yachts Charter 銷售，銷售事業以美國東岸為主，東岸航線可從邁阿密一路揚帆到加勒比海，航行時間近一周，沿路上很多玩船與戲水地，非常適合遊艇遊憩。因此奎隆遊艇大部分的船製造出來後，都是海運至佛羅里達州整備後，再行銷售或是進入租賃市場。

然而，Stevens Yachts Charter 為降低成本，便另尋其他船廠代工，而奎隆遊艇也不樂見與其他船廠做一樣的船型，為擺脫總是受制於代理商的情況下，開始思考透過自創品牌的模式，期許替企業指引出另一條新航道。1984 年，奎隆遊艇因緣際會與國際知名阿根廷帆船設計師 Germán Frers 合作，Germán Frers 是帆船頂級品牌「芬蘭 Nautor's Swan Yachts」的設計師，Nautor's Swan Yachts 在品質、設計或是航行表現上無懈可擊，可說是遊艇界的勞斯萊斯，且 Germán Frers 設計的帆船也多次贏得歐美地區帆船獎，當頂尖設計與奎隆遊艇的精湛造船工藝相遇一拍即合，雙方就此展開合作。

歷經多次來回調整，奎隆自創品牌 Hylas。第一艘船 Hylas 44 於 1985 年終於誕生，這艘與 Germán Frers 聯手設計的 Hylas 44 廣受好評，與其他帆船不同，Hylas 44 有著相對低矮的甲板線條、獨樹一幟的船型與令人印象深刻的精緻工藝內裝，至今在帆船愛好者心中仍是非常知名與搶手的遊艇。

堅持好品質，打造亮眼成績單

創建 Hylas 後，奎隆開始註冊全球商標，積極尋找其他歐美各地代理商，打算發展更多造船商機，當時奎隆業務經理與一位在加勒比海經營遊艇租賃的代理商 Dick Jachney 熟識，恰好得知 Dick Jachney 會來高雄看船，遂與之聯繫來場早餐飯局，而這一頓美味邀請最終也成功促成下訂。Dick Jachney 的遊艇租賃公司名為 Caribbean Yacht Charter，所以向奎隆訂船的船艉都會加上「CYC」的字樣，目前在市面上若看到 CYC 字樣的帆船，都曾經歷過此段小故事。

因為合作方為租賃事業，所以對於帆船要求的船型內裝統一規格化，這也利於奎隆遊艇在 Hylas 草創初期能穩定生產，甚至能一次備料 10 艘船以上，使奎隆遊艇在創立 Hylas 不到 5 年內，即可達到每年接近 40 艘帆船銷量的好成績。

銷售亮眼的基石源自於奎隆對品質的細

廠內師傅的頂級造船技藝,是奎隆
遊艇作為頂級帆船造船廠的基石

膩與堅持，老董事長黃振明自開業以來，對於造船品質非常重視，黃文林董事長補充說：「造船就是這樣，有品質才有訂單，尤其是遊艇，就像菜餚一樣，色香味俱全才會有人想買；品質不好，只要一艘出問題，後面做得再好都沒用！」奎隆遊艇嚴守的造船學問與 CYC 提供的穩定成長訂單相輔相成，成了 Hylas 品牌日後成長的重要能量。

暴風中的平衡姿態

1989 年 9 月，五級颶風 Hurricane Hugo 以時速超過 260 公里風速，襲擊美國東南沿海以及加勒比海東北地區，天災造成當地超過 110 億美金的災損與 67 人死亡，包括數千艘漁船、遊艇、海巡艦艇等各類船隻報廢慘況。黃文林董事長對此事件依舊印象深刻：「哇！新聞影片跟照片裡一艘艘的遊艇、帆船都像是垃圾一樣，全部被浪捲到岸上或者半沉在海岸線上。」

颶風肆虐後群眾忙著整理家園，無心娛樂之下掀起了一波帆船退訂潮，那時一艘遊艇的價錢頂多 10 至 20 萬美金，CYC 退給客戶的訂金總計竟超過 100 多萬，奎隆聽聞這個消息，毫不猶豫將零件與船體結構以低價出售給 Dick Jachney 修理遊艇，這份義氣相挺讓 Dick Jachney 深受感動。而在 1996 年前後，Dick Jachney 決定轉為私人遊艇的代理商，成為銷售 Hylas 帆船的專門代理。

從 1980 年代到 2018 年，超過 30 幾年的合作關係與持續穩定的銷售數量，奠定了奎隆遊艇在全球帆船市場的定位。也因合作多年，老董事長黃振明與 Dick Jachney 共患難的情誼甚深，黃文林董事長回憶起：「兩人雖語言不通需要翻譯，但感情非常好，坐下來可以聊超過一兩個小時。」可見同舟共濟的好交情。

除了天災颶風，市場上的經濟風暴也席捲著全球產業，1990 年奢侈稅以及臺幣升值危機使得奎隆遊艇銷量下滑，一年出口量僅剩 10 幾艘船，公司營收慘淡、幾乎停頓無法造船，員工也只剩下不到 40 人。面臨接踵而至的危機，奎隆遊艇採取「平衡」策略，一方面透過漲價對策與代理商溝通，以共體時艱、降低獲利空間取得與代理商利益間的平衡；而雖然臺幣升值造成出口困難，但另一方面也代表著進口材料與儀器成本相對降低，便以此透過控制進出口比例來調整收支平衡，進而維持整體船廠營運的穩定與順暢。

揮別沈寂，航出新氣象

隨著 1993 年美國奢侈稅取消，全球經濟回穩、景氣復甦，奎隆面對代理商的「平衡」策略也看見了成果，在成本與價

格之間取得巧妙制衡，而正當 Hylas 重整旗鼓站穩腳步，卻傳來老董事長突然中風的消息，一時間讓黃氏家族以及奎隆公司上下都慌了手腳。

此時從奎隆創立初期就進入船廠工作的黃文林董事長以及夫人鄭琇容，毅然決然承擔大業接下經營重擔、安定公司。開業以來經手過大大小小廠內現場事務的黃文林、配合已經一手掌握外銷與國際訂單的鄭琇容，一人安內、一人攘外，相當順利地無縫接軌、肩負起家業，沒有讓老董事長擔心。黃文林董事長說：「爸爸一直告訴我經營公司的時候，要什麼都會、什麼都去接觸，所以我對船廠、造船等各項業務都非常了解。」

歷經 CYC 轉為主要代理 Hylas、黃文林董事長接班等大事件後，奎隆遊艇也逐漸擺脫 1990 這個最壞年代，再次在遊艇市場中蓬勃成長，於 2000 年後產業發展相當順遂。

經營如緩輪慢行

2008 年全球面臨金融次貸危機衝擊，美國雷曼兄弟銀行宣布破產，這場經濟巨浪對全球的遊艇品牌以及船廠都造成很大的影響，但對奎隆遊艇來說，影響卻相對較小。Hylas 品牌切入的帆船市場，是鎖定較為小眾但相對穩定且專一的客群，加上奎隆遊艇本身規模不大、訂單相對大廠來說不多，創業以來都以追求

好品質為經營的中心思想，在面對金融危機時更能展現出沈穩態度，少賺也沒關係，可以穩定營運就好。

而後期為了因應船舶市場中需要更大船型的需求，奎隆遊艇遂順應趨勢，將 1990 年代的 40 至 55 呎船型加以延伸，在 2005 年發展出 70 呎的船型，成為 Hylas 的銷售主力 2010 年，帆船設計持續與 Germán Frers 合作，順著客戶與代理的期望，終製作出 63 呎的 H63 船型，其高性能的表現、內部先進科技與高度客製化空間形成的黃金三角優勢，使 H63 成為 2010 年代時的重要銷售代表作。

在浪尖上揚帆

時至 2010 年代中期，隨著 Jachney 家族二代接班出現財務問題，奎隆打算轉換經營策略。幾番來回考慮後，黃文林董事長遂痛下決定，與合作超過 30 年的代理商 Jachney 分道揚鑣。當時與代理商之間的財務問題與糾紛未明，同時還得處理各家船主的抱怨與不安，曾有船主找上門質疑：「為什麼付了錢卻一直沒看到船？」

奎隆遊艇雖也屬於被影響的一方，但開業以來的企業使命感讓董事長仍大器相挺，承諾這些船主：「如果真的還想要船，那我們奎隆就幫忙做，損失的金額我們與船主一半一半，互相承擔。」這

些遭遇損失的船主，其中對奎隆遊艇不認識的人多數選擇自認倒霉吞下損失；但也有大部分的船主，在與奎隆遊艇接觸後，看見奎隆的誠信與品質，甚至親自來臺灣參觀船廠、繼續與奎隆遊艇合作，將原先下定的帆船建造完成。

奎隆遊艇第三代、現任商業總監黃豐文於此時期回到公司，幫忙協助處理台美之間的廠務、業務、乃至於與代理商的訴訟糾紛。而為力求創新與尋求更多企業開展的可能，黃豐文在與董事長商討過後，大刀闊斧敲掉原本船模，並找來英國知名遊艇設計師 Bill Dixon 合作，在 2018 年推出全新的 Hylas H48 系列與隔年發表的 H57，後續也與 Germán Frers 再次合作推出 H60 的船型。

黃文林董事長感慨道：「2015 年時還好有兒子進來臺美兩邊跑，幫忙處理代理商的問題，不然我真的想把公司收掉了。兒子就像一塊海綿，非常認真地什麼都學，現在也慢慢把大部分的事情都做起來了，但要接班的話，還早啦，哈哈！」言談之中看得見董事長對兒子寄與厚望，卻又期許能青出於藍的父子情懷。

循序漸進，大膽經營

奎隆遊艇目前經營穩定，約有 60 位師傅固定參與造船，主力銷售 Hylas H48 與 H57，每年訂單約 10 艘上下。2021 年時 H60 也接近完工，雖然因疫情關係遲遲無法參展，但世界對奎隆遊艇的關注度依然不減，目前也已與許多船主談妥訂單。

隨著第三代接班，黃文林董事長漸居幕後，除了讓兒子黃豐文掌管廠務外，其女兒及女婿也在佛羅里達州駐點，將原本的代理策略轉為直營，如此一來，奎隆便能直接在市場端了解客戶喜好；二來，也更能掌握銷售狀況、評估訂單、接收到第一手的下訂資訊，把被動化為主動，使船廠與銷售端的配合更加緊密。

奎隆遊艇延續至今不僅是至今依然的創廠廠址，更是對造船工藝的不變堅持

創辦奎隆遊艇的黃氏家族與代理商及船主在船廠合影

革新不只是狀態，更是精神與實踐的展現，在製造與銷售一把抓的情況下，奎隆遊艇大膽地投入 Hylas H57 的計畫性生產，預計籌措一筆資金先行製造庫存船以縮短客戶等船的時間，也更能增加船主的購買意願；主推 Hylas 品牌船型之外，也開始與其他船廠展開合作。2015年，紐西蘭造船品牌 Salthouse Boatbuilders 因國內造船成本攀升，前來臺灣尋找適合的代工船廠，輾轉之下與奎隆遊艇建立合作關係，並達成互相銷售同一船型的共識，共同研發的 Hylas M 動力遊艇系列就此應運而生。

回望耕耘種種，歷久更要彌新

而談到人才斷層一事，黃文林則語重心長：「在臺灣普羅大眾認為做工不太受到尊重，但臺灣人不知道的是，做工做到頂級是需要很深厚的學問與聰明才智，尤其是做船、做遊艇這種更複雜的工作。搞不好哪天結束營業，最大的原因就是人才問題。」人才流失與斷層想見是臺灣每家傳統企業都將面臨的課題，如何解決也考驗著新世代的經營智慧。

遊艇產業要進步，除了船廠本身嚴守品質、提升生產效能外，也需要轉化經營思路，想辦法取得互利的平衡點，目前奎隆與嘉鴻遊艇子公司先進複材合作製造船殼，只要算好成本，透過互相合作便能共享利益。

回顧人生大半輩子都投入遊艇產業，黃文林表示：「做船真的辛苦，尤其運到碼頭遊艇吊掛裝船、看到千辛萬苦做的船在吊掛中搖來晃去的景象，真的覺得遊艇產業很不簡單，也因此一定要賺到錢啊！如果賺不到錢那不就枉然！哈哈！」

耕耘多年，奎隆著墨最多的便是品牌價值，董事長補充道：「隨著年歲增長，賺多賺少變成一個數字後，慢慢體認到造船的過程是非常值得驕傲的，因為這艘船代表的或許是某位船主的夢想，甚至藉由這艘船，也可以讓船主與全世界更加認識臺灣。」相信奎隆遊艇會不斷努力，持續提供品質與美感兼具的完美帆船，也期望這樣的核心價值能成為奎隆無價的根基。

—— Southcoast Marine Yacht Building Co., Ltd.
唐榮遊艇工業有限公司

唐榮遊艇的創辦人許財旺董事長，創業前擔任水電師傅，早年於淡水八里與友人一同經營海鷗遊艇，當時船隻結構不若今日造船繁複，除處理船上的水電設備以外，許財旺也兼做船殼製造，從 1970 年代慢慢累積經驗與人脈後，於 1983 年正式創立唐榮遊艇，於新北石門設廠。

用紮實基本功
與美商夥伴共同撐過草創初期

公司草創初期以製造小型的 FRP 帆船為主，到了 1988 年，在朋友的引薦之下，開啟與美商 PAE（Pacific Asian Enterprises）的合作契機，生產 46 呎的船，共同為美國高級豪華遊艇品牌 Nordhavn 打造系列產品。Nordhavn 的遠洋型遊艇，價格相較於流線型的歐風船體親民許多，船隻品質穩定，擁有忠誠的小眾市場，銷量穩固，也讓唐榮遊艇維持平穩的營運狀況。

唐榮遊艇創辦人許財旺董事長（左）與弟弟許財生（右），早期在石門廠廠內工作的照片

唐榮遊艇許財旺董事長在美國加州 Dana Point，與代理商共同試船時的瀟灑身影

唐榮遊艇二代的三兄弟妹從小生即與造船緊密相連，照片為三兄弟妹在新北石門廠內合照，最左邊的即是許伯榮副總經理

1990 年前後臺幣升值，唐榮遊艇訂單亦大幅減少，現任副總經理的第二代接班人許伯榮回憶幼年記憶：「那時還小，只記得 1990 年前後沒什麼生意，公司只留少數資深員工，全家歇業去環島釣魚！」公司被迫經歷了一段不短的停滯期。不過，唐榮遊艇堅實的木工技藝與造船技術，配合 Nordhavn 船型在市場中特殊的定位，在風雨飄緲的 1990 年代，唐榮遊艇依然挺過了這段艱辛。

勇於西進，
寫下廈門造船新篇章

進入 2000 年，中國放寬投資政策，加上廉價人工的拉力，促使許財旺決議西進，於 2002 年前往廈門設立廠房，後續開啟唐榮遊艇十餘年的飛速成長。時至今日，廈門已有近三百名的員工，主要生產 Nordhavn 475、52、63、75、80、96、100、120 等系列，每年產能滿載、可出產 8 到 10 艘客製化的產品。有別於臺灣其他廠商選擇外包，唐榮遊艇在引擎、白鐵鐵工、木工、油漆工方面，以培訓人才且節省成本的方式自社生產。至於膠殼、塑膠、FRP 的部分，則是協調廠商於期限內完成，確保如預期交件。

2007 年，唐榮「起家厝」臺北廠因無法生產 55 呎以上的遊艇，選擇結束營運、將重心全力轉至中國廈門；同年廈門廠也開始增建二期廠房，廠區可容納千餘

唐榮遊艇在廈門打造的船廠是向全球的頂尖船廠看齊，不僅有廣闊的一號與二號廠房，
更有下水設施緊鄰廈門西港水域

名工人，更能建造高達一千噸（約 200
呎）的遊艇船隻，至此唐榮遊艇正式將
生產主力轉移至中國。

二期廠房於 2008 年完工，同時金融風
暴卻席捲全球，遊艇產業訂單一夕間歸
零。以 OEM 為公司定位的唐榮遊艇，不
像其他品牌商承受第一線衝擊、加上配
合 Nordhavn 品牌的獨特定位與形象，
挺了下來，當時廈門廠仍維持有近 400
名員工，且未進行裁員。然大環境變動
產生的餘波仍在盪漾，隨著需求量減
少，生產效率也不如從前，難以回復至
2000 年初期設廠的榮景。

以溝通傳承，
定位唐榮未來發展

當時 25 歲的許伯榮，自美國學成歸
國，回到公司跟隨資深同仁從 43 呎的

小船開始學做專案經理，十年過去，現
在已是唐榮遊艇的掌舵人。執掌家業、
與父親許財旺順暢協作的背後，其實是
長時間來不斷的磨合、溝通與嘗試。如
同每個二代接班人遇到的——世代觀念
不同，是最大的溝通困境，「好在我們
有任何想法都會直接說出來，不會放在
心裡」，許伯榮直言這是許家共有的優
點。若父親當下不想說話，許伯榮就會
用通訊軟體來溝通。

他向父親表明接任的決心，同時也依然
尊重爸爸身為前輩又是頭家的身分，面
對既有的人力管理，如現場的工程師傅
還是讓父親做主，至於相對庶務、資訊
類性質的工作事項就由自己和太太來處
理。在這樣持續來回調整的過程中，與
父親建立合作共識，近日更會開始與父
親討論新進師傅的工作表現，漸漸地直
接管理與培養下一代的人才。

2018 年與 Nordhavn 共同開發的 Nordhavn 80 第一號船船模成功離模

唐榮遊艇許財旺董事長全家於 2014 年臺灣遊艇展時合照

公司營運管理逐步邁上軌道，然時局的挑戰再度來臨。2019 年中美貿易大戰讓中國製造成為劣勢，美國關稅大漲之下讓許氏父子不得不開始思索風險分散的經營方式，因為隨著工資高漲、環保法規愈趨嚴格、又碰上國際情勢不允許，中國已不再如當年一般是壓低成本的首選之地。有鑑於此，許財旺曾建議公司到越南設廠，複製先前西進廈門的同一模式，但在實地考察之後，許伯榮覺得越南的國土面積不大，且一樣面臨勞工外移的問題，更加上語言的隔閡，無論在機運與國情並不像父親 20 多年前插旗廈門一樣合適，不如移回臺灣，就近的供應鏈在問題對應上更有效率，同時培育本土人才，為臺灣的年輕人提供更好的就業條件與環境，把機會留在國內。

唐榮遊艇與 PAE 共同打造的 Nordhavn 遊艇系列，是體現深度海洋生活與跨洋航行的最佳代表，圖中是目前系列中最大的 120 呎船型，並已經在 2019 年發表鋼鋁船殼的 Nordhavn 148

返鄉設廠，看見人才關鍵的新世代

因應而生的高雄興達港茄萣廠規劃於 2021 年啟用，預計將 Nordhavn 80 呎船型移回臺灣生產，初期計劃用標準款的遊艇船型、採取只能增減相關額外的配備、不能改基本船體結構的方式與 PAE 合作，追求施工時程較快速且接近量產的船型製造來訓練新進人才。目前由許伯榮領軍的團隊，以年輕化、新世代管理、以及優渥的福利為主打，已經網羅不少青年才俊在茄萣廠內開始進行船殼積層、木工製作等工作，透過將廈門廠內的資深師傅聘回臺灣親自教習，實現重新訓練培養人才、導回造船技術、同時深耕在地遊艇產業的目標。

而近幾年肆虐世界的 COVID-19，對遊艇產業反而是一絲曙光，富有的資產階級因長期待於家中，更有時間鑽研投資與股票，加上各國紓困的趨勢，進而入帳更多閒錢購入遊艇，反為唐榮帶來穩定且更為長遠的收益。

展望臺灣未來的遊艇產業，許伯榮認為服務業市場的作為明顯不足，大眾與媒體文化在遊艇產業知識量上亦不夠普及，必須有更多的人才與心力投入；至於在製造業的市場，臺灣已有非常卓越的表現，但還有更多的成長空間，如導入自動化的技術，嘉鴻、東哥等遊艇大廠都已朝這個方向努力，他們都是唐榮遊艇值得學習效仿且學習的前輩。

唐榮遊艇做為臺灣遊艇產業的中流砥柱，挺過年年環境考驗，除了持續在技術上追求進步，新世代的人才育成亦是未來繼續生存的關鍵，許伯榮期許唐榮能培養下一代的專業人力，弭平人才斷層，用無數個微小的改變，引領遊艇產業不斷提升與蛻變。

唐榮遊艇為於興達港的高雄廠已於 2022 年完工，未來將作為回臺
對接在地產業鏈以及培訓產業人才的重要基地

筆路藍縷
儲存在地記憶的海宮造船

—— Trans World Boat Building Co., Ltd.
海宮造船股份有限公司

坐落在三芝海岸的海宮造船，望海的大門曾是撐起金山三芝沿海一帶的地方發展的象徵，也是國際遊艇船主與代理商熱絡進出的必經之處；隨著世代與區域發展的轉變，海宮造船轉型調整走向精緻與綠能的創新造船路線，或許規模沒有像過往近半世紀的輝煌，但依然是承載地方記憶與臺灣造船歷史的重要現場。

白手起家，三芝扎根

朱氏家族祖籍江浙寧波，移民來臺後白手起家在北部從事營造產業，主要業務為供應北部知名飯店在營建中之各項五金耗材，如統一飯店、華王飯店這些早期叫得出名號的大飯店等皆是朱氏家族的客戶。隨臺灣遊艇產業快速發展，朱氏家族開始協助寶島遊艇製作船用五金；而朱家另外有一位子弟原本從事木造行業，因應產業前景也一併踏入了造船業，在克成遊艇帶領一群木工工班。朱氏家族就這樣在北臺灣一點一滴打拼，於造船業中漸漸地扎起了根。

當時一位從事遊艇進出口的代理商 Don Miller 在臺灣十分活躍，與寶島遊艇創辦人陳春煙熟識，靠著這層關係，Don Miller 進一步認識了朱氏家族，得知朱氏家族有良好的五金與木工技術，便希望朱氏家族能夠協助建造 William Garden 設計的 41 呎的雙桅帆船。這艘 41 呎的帆船就是在大橋與寶島遊艇建造了好幾百艘的 CT 41/Formosa 41，採全龍骨設計、壓載大、重心低、航行時非常穩定，且具備可航行全球的能力，廣受時下美國人的喜愛。

這樣的合作機緣促成了朱氏家族的朱昌宏於 1976 年在三芝創辦了海宮造船，並擔任海宮造船首任董事長，而朱昌宏董

chapter

13

海宮造船建造的 Grand Alaskan 遊艇,至今都還是巡航遊艇船主心中的人生夢想

海宮造船是撐起北部遊艇產業全球版圖的重要船廠,各類型帆船建造品質優良,且總數達到數百艘之譜

土木工程專業的朱志康總經理,站在當年剛打好梁柱的廠房工地前方

廠內許多夥伴原是新北沿海一帶的務農人家農忙之餘前來幫忙,沒想到就從青年做到白髮,甚至兒孫也傳承了這項造船工藝

事長的兩個兒子，中正理工學院測量系畢業的長子朱海康，畢業後在廠內任職負責遊艇建造製程至今；另畢業於中原大學土木工程學系的次子朱志康，則是運用所學，親自參與設計與監造海宮造船廠。

海宮造船選在三芝創廠的主要考量為廠內眾多師傅的地緣關係所建，許多木工師傅都住在淡水至三芝沿海一帶，再加上附近務農的工人與青年在農忙之餘也會來廠內學習造船。這些師傅與學徒，大多在海宮做到退休之齡，目前仍還有二代或三代在海宮造船廠內服務。

為了與 Don Miller 配合建造帆船，老董事長朱昌宏從克成遊艇高薪聘請了一整批的師傅並配上朱氏家族事業的原有木工與五金班底，就這樣組成了海宮造船初期團隊。當年陪著朱昌宏創辦海宮造船的夥伴，包含了曾在克成遊艇與寶島遊艇歷練過的首任廠長楊佳章。楊佳章廠長的木工技術出類拔萃，十分擅長運用整株雲杉木製作桅杆，為海宮初期創廠不可或缺的關鍵人物。

從帆船到動力遊艇

海宮配合 Don Miller 建造的 41 呎的雙桅帆船命名為 Island Trader 41，後續在歐美市場銷售獲得好評。得到更多造船經驗後，海宮造船不再安於只接代工訂單，決定自立門戶拓展經營之路，並於 1980 年代創立自有品牌 Trans World，並以 41 呎帆船為基礎，推出 Trans

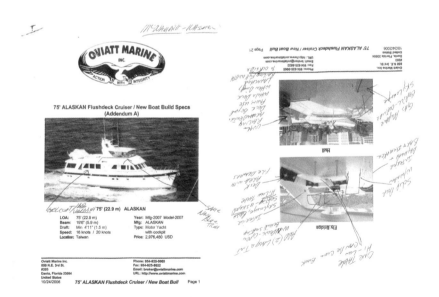

當年 Oviatt Marine 委託海宮造船建造 Grand Alaskan 系列遊艇，都會有專責的驗船師前來檢驗並提出完整報告，不僅是 2000 年前後重要的夥伴，也是技術升級革新的重要管道

在 1980 年代來臺協助監造與驗船的 Garry & Lana Wiles 夫婦，至今都是海宮造船的
好友，每年都還會收到對方寄來的聖誕祝賀卡片

World 41。這艘 41 呎的船型在市場上相當熱賣，全數總共建造了近 200 艘之多，其後便打響了海宮造船在市場上的知名度。

此時期隨著知名度漸增，陸續有代理商前來詢問相關合作機會，美國西雅圖代理商 Frank Davis 便是其中一位。當時 Frank Davis 帶著由 Rob Ladd 與 Steve Davis（Frank Davis 的弟弟，擅長遊艇外型設計）共同設計的 50 呎 Fantail Pilot Trawler 遊艇設計圖面與模具，委請海宮造船幫忙製造，原本主力製造帆船的海宮造船，自此由帆船開始跨入製造動力遊艇的世界。

由於海宮造船先前並無太多製造動力遊艇的經驗，為了順利克服技術問題，當時前來監造與驗船的 Garry Wiles 與他的夫人 Lara Wiles，花了相當多時間與精力進行指導，並陪著海宮的朱氏家族與第一線的師傅完成 Fantail 遊艇，這不僅建立了雙方深厚的友誼，也直接提升了海宮的造船知識與技術。這艘 50 呎 Fantail Pilot Trawler 遊艇在現代仍是歐美許多慢速遊艇船主的夢想之船，她優美的船艉半圓型設計也是至今讓人津津樂道與討論的經典船型。

1990 年的突破與開展

從 1976 年創廠到 1980 年代末期，海宮造船員工數量超過 110 人，平均每年能出口 30 幾艘遊艇，但與國內大多數遊艇船廠一樣，面對 1990 年代前後的臺幣升值危機，海宮造船內部也經歷了極大的轉折。

幸運的是，主要代理商 Don Miller 願意與海宮造船共同承擔各三分之一因為

海宮造船的巔峰之作 116 呎的 TW-116 Harley G

臺幣升值所造成的虧損，而另外三分之一則透過進口材料的價格落差來填補；再加上另一美國代理 Gary Oviatt 持續委託海宮製造 Oviatt Marine 的 Grand Alaskan 慢速遊艇，在這些穩定訂單與代理商的協助之下，海宮造船穩紮穩打地度過了 1990 年代初期經濟局勢，也讓船廠後續的發展更為穩定。

不過拿下訂單可不僅是簽簽合約就能了結的事，在這期間，Garry Oviatt 委託製造的 Grand Alaskan 的遊艇都是 65 呎以上的大船，其船型尺寸、造船技術、與內裝客製化程度的要求，對海宮來說都是巨大的挑戰，但也因為有這些阻力與挑戰，間接使得海宮整體造船的硬實力顯著提升。

這些大船訂單除了讓海宮造船在技術上受到考驗，也使得造船完成後的拖船難度增加許多，隨著遊艇尺寸越做越大，拖船過程愈趨費工且危險。過去遊艇建造完成後必須長途跋涉拖船去基隆港，接著吊上貨櫃後才能出口。直至 1998 年，鄰近的後厝漁港興建完成，恰好可滿足海宮製造越來越大的遊艇的下水需求；然而從廠區拖船前往後厝漁港的路途依然障礙重重，因船體過於巨大，拖船過程中甚至需要將淺水灣前的天橋拆掉並吊掛起來，讓遊艇通過後再安裝回去，船身最頂端的飛橋與天線也要先拆掉到港邊再行組裝，工程浩大，每每拖船費用動輒一、兩百萬臺幣，成了當時一筆為數可觀的經費支出。

EXHIBITOR

JERRY CHU
HYATT QUALITY YACHTS
SARASOTA, FL

1996 FORT LAUDERDALE INTERNATIONAL BOAT SHOW®

37th ANNUAL
FORT LAUDERDALE INTERNATIONAL BOAT SHOW
October 31 – November 4, 1996

Bahia Mar Yachting Center • Hall of Fame Marina
Hyatt Regency Pier 66 • Marriott Port Side Marina
Greater Fort Lauderdale/Broward County Convention Center

Owned & Sponsored by

Marine Industries Association
of South Florida

Presented by

Barnett.
Ideas For The Way You Live.™

羅德岱堡船展（Fort Lauderdale International Boat Show）是全球最大的遊艇展，海宮造船是早期主動參展的廠商之一，圖為當年朱志康總經理的參展入場證

分散風險，
業務擴及日本市場

為了避免重蹈 1990 年代經濟局勢的影響，海宮造船逐漸意識到不能將所有的經營重心放在同一個市場，因此積極拓展除了美國以外的市場，於機緣之下開始與日本的国際クルーズ株式会社（國際巡航株式會社，CRUISE INTERNATIONAL CO., LTD.）合作，兩方共同開發新的遊艇系列以日本太陽皇室意義（Sun Royal 與 Sovereign 之意）命名為 Trans World SR 系列。

與日本国際クルーズ株式会社的合作也成為除了 Grand Alaskan 以外，使海宮造船度過 1990 年代危機最重要的夥伴，另外，日本市場的波動與歐美市場較無緊密關聯，遂成為海宮造船持續至今非常重要的代理。雙方共同推出的 SR 系列船型尺寸範圍廣、客製化彈性佳，從 40 呎到 120 呎都可以提供船主選擇；在設計上也十分符合日本與亞太地區船主喜愛，正符合船主釣魚、家庭同樂、商務聚會的用船習慣，在亞太市場有十分可觀的出口數量。到 2000 年後，每年都有穩定 5 至 6 艘以上的大型遊艇建造出口，主打 90 呎以上的遊艇，為當時臺灣造船尺寸極大的船型。

海宮造船受惠於當時的行銷與市場分散策略，整體出口大宗以日本以及亞太地區為主，加上海宮船廠規模以精緻化、做大船為主，因此對於海宮造船的影響反而並不顯著。由於口碑與名聲已經建立，有許多來自中東、日本、澳洲、美國的船主都直接前來臺灣與海宮洽詢，也成功拿下許多大訂單，如銷售給中東客戶的 120 呎旗艦 SR-120、或者銷往加州的 116 呎的 Harley G 等，循此模式使得利潤空間更大、也更不受市場波動起伏，在分散風險的佈局策略下，海宮造船實是下了一手好棋。

轉型綠能大獲好評

時至 2008，雖然海宮造船沒有受到過多金融危機影響，但合作夥伴 Oviatt Marine 的 Grand Alaskan 卻不敵大環境與其他類型遊艇船型品牌的競爭，在 2010 年代初期便被其他代理商收購，即便此代理商後期仍與海宮保持合作關係，但對海宮造船的整體銷售來說仍確實遭遇到困難。

少了 Grand Alaskan 的支持，海宮造船除了需更加穩固日本與亞太地區的市場，也將銷售觸手伸及國旅市場與兩岸旅遊市場，配合臺灣政策的綠能浪潮轉

隨著遊艇尺寸增加，海宮造船拖船至基隆港船運或者後厝漁港海試的
路途都十分艱難且花費驚人，甚至會需要拆除天橋結構再重新安裝

型，協助臺灣旅遊業者建造電動船。朱志康總經理笑說：「相比我們做的遊艇，電動船技術不難啦！」從日月潭的觀光電動船做起，逐漸打出在地知名度，一舉成為國內觀光電動船市佔比極高的船廠，後續也拓展到各個旅遊景點的交通船、水庫的觀光船、後壁湖的半潛艇等，讓國內旅客可以憑藉親民的價格體驗到享譽國際的遊艇造船工藝。

疫情下的未知與挑戰

現階段海宮造船規模受到人才招募困難與場地的限制，業務維持在小規模、讓廠內師傅可以持續養家為主，員工數約 30 幾名、每年建造船數為平均 2 至 3 艘。現任董事長朱海康表示：「早先就有考慮要去興達港，登記了 8,000 坪土地，但後來沒有成功。現況仍持續營運，如果真的要再發展，那就一定會換地點，將現址留給他人做其他使用。」

近年受到疫情影響下，依賴日本市場的海宮造船業務波動頗大，因為日本船主習慣親自來看船、監察造船過程，但受限於疫情造成出入境困難，讓整體造船業務趨緩。此外，近年海宮造船逐漸突破阻力而打開的東南亞市場，原定近兩年有馬來西亞客戶要洽談訂船與商討細節，目前也因疫情關係暫緩計畫。

疫情的衝擊打亂了全世界的腳步，對於經營規模不大的海宮造船，一路耕耘至現在確實辛苦，朱家作為移民來臺的外省人，是造船界中的外省掛，起初人生地不熟的落腳臺灣，篳路藍縷終在造船界中發展起來。回溯起 1990 年代前海宮造船輝煌風光、至 2000 年前後雖歷經經濟局勢的考驗仍再度奮起，而疫情下的現在，海宮造船依然持續挺身迎向挑戰、朝向永續經營的夢想邁進。

乘載眾多造船人、買船人記憶的海宮造船，在與這群人交織的念想脈絡中，海宮造船已如時代記號一般被畫記在心頭裡，詠嘆不散。

做遊艇像養女兒

匠心柔情

雙層飛橋式遊艇駛出海面，海與船的邊界從容地被劃了開來，從海上切出一道道細緻泡沫，純白光滑的壁身受到陽光的照射更顯潔淨，而船型上獨具特色的環繞式直立窗戶，讓人遠遠地就能辨識出那艘由強生遊艇製造，優雅且經典的 Johnson 87。

看準造船市場，
黃氏家族佈局海上事業

1970 年，原本主要從事建築產業的黃氏家族嗅到建築業商機，逐漸累積資金後，於 1973 年設立工廠，做起合板製造的生意。然而，這年正好爆發歷史上第一次石油危機，在整體經濟不景氣的狀況下，新創立的合板工廠卻沒有足夠訂單，使得這門經營之路起頭便多舛難行。

前期經營困難之時，與黃氏家族工廠相鄰之「連雄遊艇」的總經理關詒流，邀請黃氏家族一同合作從事遊艇產業，共同創立「有成遊艇」，黃氏家族自此便將經營重心轉向為帆船製造。

強生遊艇最讓船主喜愛的，正是其獨特的直立式圓弧窗型，以「Mini Superyacht」的口號風行全球遊艇市場

chapter

14

強生遊艇最早創立的位置是在大發工業區，後期因運船困難才搬遷至小港現址

隨著業務逐漸興旺，1979 年「富誠遊艇」合併「有成遊艇」擴大營運；隔年，黃氏家族中哥哥黃振明、弟弟黃振塊，以及鄭景昌三人決定聯手合資，於高雄小港工業區成立「奎隆遊艇 Hylas」。隨著世代發展與企業變革，黃氏家族面臨家族產業二代接班問題，奎隆遊艇轉由黃振明經營，主要製造帆船遊艇；而黃振塊則是於 1987 年時順勢分家，與鄭景昌聯手成立主要製造動力遊艇的「強生遊艇」。

強生遊艇夥伴與國外代理商於大發廠建廠工地前合影，中間穿灰色衣服的正是黃振塊老董事長

強生遊艇的萌芽與開展

談及強生遊艇內部的領導要角，絕不能漏掉出身工業工程的鄭景昌，有工程背景的他擅長製圖與製程管理，於強生遊艇的經營中實則扮演相當重要的角色。在鄭錦昌的造船生涯中，必定親力親為遊艇製造的每個環節、把關各項造船程序，也成了強生遊艇持續穩定經營的重要後盾。而除了黃振塊與鄭景昌以外，現職強生遊艇的副董事長黃文海先生，以及負責國外業務的錢弘毅業務經理，也是成立強生遊艇的重要推手。

強生遊艇創立之初，首當其衝須面臨的便是設廠問題。由於高雄大發工業區為南部遊艇產業群聚重鎮，那時土地價格便宜，又初期製作的船型較小、拖船機動性高，多方考量後擇定大發工業區，買下約 3,000 坪的土地做為製船原點，設立造船廠。

草創期主要產品以慢速穩定的 Trawler 為主，隨著全球經濟的跨國界發展，強生遊艇看到未來遊艇市場中「品牌」的重要性，遂在 1980 年代，與英國名遊艇設計師 Bill Dixon 的 Dixon Yacht

強生遊艇早期於大發廠內的施工狀況，左圖為船模製造、右圖為隔艙板工程

Design 工作室合作，推出自有品牌動力遊艇「強生遊艇 Johnson Yachts」。尺寸從小試市場水溫的 50 呎開始，慢慢延伸至 55 呎、58 呎，到陸續推出新系列的 63 呎與 70 呎。強生遊艇自此漸漸跳脫臺灣傳統代工路線，轉舵航向經營自有品牌的精緻航道。

與 Bill Dixon 合作的遊艇設計大獲歐美船主喜愛，銷售成績斐然，每年出口的遊艇數量可達 30 艘之多。當時經營策略有二：主要由強生遊艇提供設計圖供代理商選擇後，直接訂購成船買斷回歐美

市場銷售；二則船主透過代理商訂船，再根據船隻製作各個階段付款，例如：訂金 20%、船殼離模 10%、安裝引擎 10% 等等，確保在每階段製作完後仍有充裕資金進行下階段的工程。

轉化經營策略，
「打帶跑」戰術面對陣痛期

1990 年台幣升值，那時造船估價是以 38 ~ 40 元兌 1 美元的匯率估算，受到台幣匯率高漲衝擊之下，造船業幾乎是每賣一艘就賠一艘，利潤損失極大；然

強生遊艇持續升級造船技術也保有傳統木工技藝，不變的是對品質的堅持

而，困境往往是找尋新契機的起點，強生遊艇決定以「打帶跑」策略，調整公司內部結構、精簡人力，以包工團隊形式去迎戰訂單不穩且成本快速提高的 1990 年。

面對時代挑戰，如何兼顧品質並同時創造優勢成了強生遊艇最大考驗。研發與革新腳步必然不歇，1996 年接班的黃文弘董事長決定投入資金，提升遊艇製造的品質技術與製程效能，使強生遊艇仍可在美國市場繼續佔有一席之地。

當然，尋找自身造船品牌的定位摸索依然並行，強生遊艇由最初的 Trawler 船型，陸續嘗試著不同尺寸的歐風遊艇、動力海釣遊艇；另一方面也與歐洲、香港、新加坡等其他市場接觸，甚至有來自日本東京的「極道 Yakuza」大老闆，在看見動力遊艇的品質與性能後，前後向強生遊艇訂購了近 20 艘的豪華海釣船。

Johnson 87，強生遊艇的成功定錨

面臨 90 年代的挑戰與危機，黃文弘董事長持續了解客戶喜好與市場動向，而世界船舶展覽會正是取得這些資訊的大好機會，董事長前往「摩洛哥遊艇展」參展的過程中，發現直立式圓弧窗型的設計元素多出現於 Superyacht 船型上，敏銳察覺到流行趨勢的董事長，回台後便與設計師 Bill Dixon、以及內部幹部進行討論，取得各方共識後，決定投資開發 Johnson 87，並在 2002 年首次出口第一號船。

Johnson 87 是全世界首次融合使用 Superyacht「直立式圓弧窗型」設計元素的中型遊艇，行銷標語「 Mini Superyacht 」主打的小尺寸船型設計，在歐美市場上選擇稀少，再配合 Bill Dixon 的設計與高檔內裝風格，雙管齊下深深抓住歐美客戶的心。

改革與創新的成功與否，從結果來檢視仍是最直觀的做法，回顧訂單最盛時期，至多同時製造 8 艘 87 呎以上的船，可見外界對

隨著製造的遊艇尺寸越來越大,從大發工業區出發的路途愈趨困難,強生遊艇在 2000 年代開始尋覓新廠房

在 2004 年啟用的新廠房,不僅緊鄰小港漁港的下水碼頭,更具備可同時建造 13 艘 87 呎以上遊艇的廠房空間規劃

強生遊艇品質與細節的高度肯定。Johnson 87 精準的切入遊艇市場中所空缺的一個位置、為強生遊艇打下穩固的市場版圖、也真正定位了強生遊艇的品牌發展重心。

良禽擇木,遷廠勢在必行

在訂單增加、船型越做越大的同時,卻也衍生出了新的問題。「拖船晚上八點出發,常常要到早上八點才會到小港!」鄭景昌總經理如此回憶著。

船廠原本擇定大發工業區,是考量土地價格低廉與產業群聚優勢,再加上原本製造的船型不大,拖運至小港下水海試、或者裝上散裝貨輪出口都不算太困難;然而,隨著船型越做越大、拖運便日益艱難,曾有拖船從大發工業區出發後,因當下無路可走,只能申請從五甲處逆向上中山高速公路後,再沿著國道拖至小港裝上貨輪出口的情形發生。

強生遊艇的掌舵者，黃文弘董事長 (左) 與鄭景昌總經理 (右)

拖船難題迫在眉睫，強生遊艇曾試著向政府爭取，將林園沿海路上的港埔國小天橋增高至 8 米，以利大船通過，而這僅是眼下權宜之計。為了一勞永逸解決廠房不足與拖船的困擾，強生遊艇決定在 2004 年將廠房搬遷，買下位於小港漁港旁，緊鄰下水碼頭的 3,800 坪土地建立新廠，並規劃可同時製造 13 艘 87 呎以上的遊艇廠房空間。

金融風暴，來勢洶洶

全球經濟的快速變化無一不牽動著產業的興盛與沒落，第 50 至 55 號的 Johnson 87 準備製作之時，強生遊艇遇到了創立以來的最大危機。2008 年次貸風暴來襲，市場上熱錢緊縮、頂級客層投資趨向保守，造成訂單數量銳減，2008 年前已經完成內外設計、客戶下訂要製作的兩艘 Johnson 125，也因這場金融風暴停止建造。即便是創立以來與一般主要代工船廠性質不同、堅持強調自有品牌的「 強生遊艇 Johnson Yachts 」，在面對金融風暴時，也需要更多時間整備、適應。

黃森慶業務副理正是在這段最艱困的時期到強生遊艇就職，他描述當時的狀況提到：「原本與我們熟稔的代理商，因為手上資金變少、不再直接抓船回美銷售、也不再僅僅只代理強生遊艇，直接影響訂單數量。再者，金融風暴後船主趨向保守、加上強生的船型較大，需要更多預算經營品牌形象與銷售投入，才能讓船主願意考慮與強生合作製造遊艇。」

金融風暴後期，強生遊艇開始配合代理商製作庫存船到美國銷售，也投入更多預算經營品牌、參加船展，以應對整體市場轉變。此外，強生遊艇也在 2010 年時投資成立了「豪駿遊艇股份有限公司」，與國內船主以及東南亞代理商合作建造遊艇，推出了平民化的入門遊艇產線。

雙軌並行，乘風破浪

面對金融風暴後的市場挑戰，強生遊艇重整經營思維，除了成立豪駿遊艇、致力品牌營造，也持續與 Bill Dixon 合作研發遊艇，並針對市場喜好量身定制，歐洲船主的內裝與英國知名遊艇設計事務所 Design Unlimited 合作；美國船主的內裝則是與羅德岱堡的遊艇內裝設計公司 Karen Lynn Interiors 合作，強調市場差異，為不同區域、不同喜好、不同玩船風格的船主量身打造遊艇。

目前強生遊艇員工約 60 人，每年穩定建造 2 艘以上的大型遊艇，而為了應對 2008 年金融風暴後市場轉變，強生遊艇加強投入銷售與品牌營造經費；此外，豪駿遊艇也已轉型專責國內外市場的維修保養、以及替歐美知名遊艇品牌代工。透過穩定的遊艇維修保養服務與代工訂單收入，來支援自有品牌經營的龐大開支。

2019 年強生遊艇歡慶 30 周年，發表了全新建造的 Superyacht 入門款 Johnson 80，同時推出兩個全新船型「Johnson 70」以及「Johnson 115」，其中 Johnson 115 外型一樣由多年合作的 Bill Dixon 操刀設計、室內則由強生遊艇與 Design Unlimited 共同完成，將與經典旗艦 Johnson 110 共同做為船廠的銷售主力，乘風破浪，航向下一個三十年。

做遊艇像養女兒，
驕傲交織不捨

COVID-19 疫情爆發後，與臺灣多數產業相同，受惠於政府防疫成功，整體生產流程雖沒有受到顯著影響，但船主無法直接來臺看船與討論設計，間接也減少船主下訂意願。黃玫瑄董事長特助提到：「隨著科技發展、手機普及、消費習慣改變，船主越來越不想等，加上疫情影

響，頂級富豪更加無法預測未來的不確定性，因此更傾向快速拿到遊艇、立即遠離人群享受。這樣的情況也對自推品牌的強生遊艇造成相當大的壓力，需要支出更多的資金建造庫存船以及營造更強的品牌形象。」

強生遊艇雖不斷面對著艱困挑戰，卻依然堅持把每艘船的品質做到最好，深知硬體上的革新是企業向前邁進的必要改變，強生遊艇於疫情期間投資新設備以及人員技職訓練，期待能為每位船主提供最適合也最完美的遊艇。

黃文弘董事長說：「做遊艇這行真的辛苦，但每艘遊艇離開船廠的成就感與不捨之情，是無法言喻的，就像嫁女兒一樣啦！」

強生遊艇已邁入超過 30 個年頭，至今仍與廠內夥伴攜手為全世界船主打造夢想中的遊艇

造船親像養育囡仔大漢

—— President Marine Ltd.
統一遊艇股份有限公司

由葉煌輝所帶領的統一遊艇，在 90 年代曾是臺灣遊艇界的霸主，遊艇出口量和產值皆傲立群雄。走過近半甲子歷史的風雨，始終秉持著誠信、認真、高品質及服務的經營理念，雖然葉煌輝高齡已屆耄耋之年，對遊艇的熱情仍有如初出茅廬的青年，也期待能再見臺灣遊艇王國的盛世重新到來。

跨界投入遊艇業，成業界最資深的老前輩

1932 年出生的統一遊艇董事長葉煌輝，是臺灣遊艇造船界年紀最長的前輩之一，深受業界景仰。出身臺南的他，是典型受過日本教育的臺灣菁英，日語和臺語講得比國語還要好，連英文都有一股日本腔，有著老一輩臺灣人踏實、嚴謹的性格。

葉煌輝早年原本做大理石生意，因為遊艇內部裝潢有時候會使用到大理石，因緣際會下他於 1962 年透過教會認識派駐臺灣的美國遊艇設計師 George Stadel, Jr.，這名設計師同時也是遊艇建造工程師，並具備驗船師資格，與許多臺灣遊艇廠都有合作關係。

那段時期，葉煌輝密切與 George 接觸往來，逐漸對遊艇這種結合先進科技與藝術文化的高級工藝製品產生興趣，再加上當年臺灣鮮少有人涉獵此領域，憑著一股衝勁，他決定自己創辦遊艇廠。

1968 年，機會終於來了。葉煌輝先是透過 George 結識一位蘇格蘭的投資者 Derek Holt，這名英國股東在英國擁有自己的遊艇碼頭，也販售遊艇，看準臺灣工資低廉的誘因，所

chapter

15

2009 年統一遊艇參加日內瓦遊艇展時，向全球船主發放的 107 Triple Deck Mega Yacht 型錄

統一遊艇

以來臺尋找合作的造船廠。因為這層機緣，三人一拍即合，在臺南官田工業區成立了統一遊艇。

品質對應口碑，品牌效應逐漸展現

創業頭幾年，葉煌輝與太太胼手胝足，在 George 提供設計圖，以及指導如何造船之下，再配合 Derek 的資金挹注與銷售渠道，統一遊艇一步一腳印，慢慢建立起自己的遊艇製造版圖，也逐漸打開國際知名度。

統一的第一艘遊艇是賣給一位紐約非常有名的希臘海鮮餐廳的老闆 Thomas，

葉煌輝一邊指著當時的照片，感性地說道，「這艘船已經有 50 多年的歷史了，是當初造的第一艘船，由 George 的父親設計、我們的老師傅製作，是古式雙桅以上的原木帆船 Schooner，全龍骨是臺灣龍眼木原木、整艘都是雙層檜木。當時造船的老師傅，很多都已經不在了。」

這艘古式雙桅帆船當初完工後，是由台南市安平港直航去到紐約市長島區，具有很有深遠的歷史價值，統一遊艇一直期待能有機會購回在臺灣展示。

最一開始，統一遊艇從 30 至 40 呎的帆船開始做，雖然尺寸較小，但設計精良

早期建造遊艇時，都是透過統一遊艇廠內的設計師與工程師用手繪稿件與船主溝通、以及指示現場的師傅施作

且造船品質良好，許多他們出廠的帆船都具備越洋巡航的能力。因口碑良好，讓葉煌輝結識了業界許多先進，累積不少人脈，美國知名遊艇設計師 Ted Hood 便是其中之一，雙方在 1970 年代開始合作為 Ted 生產帆船與動力遊艇。

當時 Ted Hood 在基隆開設遊艇公司，想要開新的船模，因而找上葉煌輝，此一合作也讓兩人成為一生的摯友，合作將近 40 年，一直到 2010 年前後才停止。在 Ted Hood 去世前還特地送了一本有親筆簽名的自傳給葉煌輝，上頭的題字「紀念過去也展望未來」，彰顯兩人深厚的友誼。

時序推進至 1980 年代，帆船市場逐漸萎縮，取而代之的是動力遊艇崛起，促使統一遊艇逐漸轉移遊艇製造的重心，以 Trawler 遊艇做為主要的銷售產品，並開始與知名遊艇品牌合作，例如 Offshore Yachts 與 Kadey-Krogen Yachts 等。

值得注意的是，統一遊艇成立之初，即接受英國股東 Derek 提議，共同創立了自有品牌 President Yachts，成為當時獨步市場的重要策略。

經過整整 10 年的努力與推動，品牌效應逐漸體現，催生出第一艘集合國內造船菁英和工程師所設計、打造的 President 41，並從中衍生出 President 47 的雙

統一遊艇建造的第一艘帆船，於 1971 年完工，全龍骨使用臺灣龍眼木原木、
整艘都是雙層檜木，為當時臺灣精湛造船工藝的最佳展現

統一遊艇於官田廠的全員大合照，可見當時全盛時期的員工繁榮景象

統一遊艇位於台南市將軍港的廠房

VIP 房與日光甲板船型，深深受到美國西雅圖和歐洲市場喜愛，總量銷出近 400 艘，之後還延伸出 43 呎、47 呎、57 呎、67 呎、及 83 呎等船型。

除了歐美市場，統一遊艇也不斷嘗試打入日本市場，成功在 1988 年與 NISSAN（日産自動車）造船部簽訂合約，引進日本的造船技術，製造專門供給日本海釣市場的 27 呎遊艇，最高紀錄曾創下一個月出口 15 艘的紀錄，並在 1990 年完成第一百艘。

「我們做遊艇的，技術跟日本人比還是好一點啦！」談及此，為人謙虛的葉煌輝也不禁露出自豪的神情。

靠分散市場嶄露頭角，登上遊艇界龍頭寶座

1990 年代，正當許多遊艇廠都處於臺幣升值與美國徵收奢侈稅的水深火熱之中，統一遊艇受到的影響卻很小。

一切歸功於早早就決定分散市場，統一遊艇在代工與品牌並進的經營策略下，美國市場約占 40%、歐洲市場 30%、日澳市場 25%、國內修造船業務則占了 5%，當年員工數量將近 200 人，全年產值大約 1,600 萬美元，出口量達到 80 艘遊艇，遙遙領先業界。

挾著分散市場的成功，再配合臺幣強勢升值的背景下，葉煌輝於 1990 年代初決定買下美國第二大鋼鐵公司，也是最大造船廠伯利恆鋼鐵（Bethlehem Steel Corporation）在邁阿密的裝配廠，成立統一遊艇的 North Miami Beach 工廠，成為臺灣第一家在美國設廠的遊艇公司。

葉煌輝不只利用當時的臺美匯差，更透過臺灣製造、美國整理交船的策略，來降低成本，就近接觸當地的客戶，提供即時的宣傳、銷售及售後服務，這些極具前瞻性的決策，都大大提升了品牌知名度，並增加不少實際的訂單量。

當時的 President Yachts 船型也逐漸拓展，從 27 呎到 83 呎皆可提供船主選擇，再配合不同市場及船主需求，還可提供不同的配置與設備，頗受市場歡迎。例如 1995 年推出，隨即登上美國重要遊艇雜誌《Power & Motoryacht》封面的 President 83，就是當年少數率先進入大型遊艇製造的案例。

此外，統一遊艇還承接了 Ted Hood 後來回到美國所創立的 Little Harbor Marine 底下的數條產線，像是外型經典優雅、具備高性能的 Little Harbor WhisperJet 44，就是其中一艘代表作。

然而好景不常，1990 年代中期掀起一波勞工運動，一些地方政治人物為了選舉

利益，分化臺南官田地區的工廠勞資雙方的和諧，煽動勞工走上街頭。當時統一遊艇員工雖然沒有參與，卻遇到地方勢力雇用非員工的外人到統一遊艇公司前進行假抗爭，甚至散布不實言論，造謠公司經營者到美國設廠，想要放棄臺灣的工廠、捲款潛逃。

「雖然勞工運動以現在的角度來看不是很嚴重的事情，但在當時剛解嚴，是很大的事件。」統一遊艇經理王啓富補充道，1987 年便進入公司的他，目睹一切經過，語氣中也透露著委屈。

無可奈何之下，葉煌輝為了顧及臺灣公司的經營，以及廠內員工的生計，最後不得已在 2000 年放棄美國的工廠。

現在回過頭看，葉煌輝仍舊認為，在美國投資 North Miami Beach 工廠是非常正確的決定，以關廠作收著實萬分不得已，「當時規劃不僅是船廠，還納入周邊產品販賣、餐廳酒吧、岸置艇庫等全套服務。」

政治因素干擾，
轉攻豪華大型遊艇產品

結束掉美國廠後，統一遊艇專心經營臺灣各條遊艇產線。當時許多船主開始要求更大、更長的遊艇，考量到官田工業區位於內陸，下水海試不便，拖船出口更是一件痛苦的差事。

2000 年代就開始規劃遷廠的葉煌輝，決定在 2005 年時，將廠區遷移至臺南將軍區的臨海新廠，臨海的便利性，加上自行設立遊艇下水設施，節省了吊船下水和海試的費用，大幅度提升建造流程的順暢性，也降低過去遊艇於陸上運輸的不便和昂貴運費。

有了更大的空間及設備建造大型豪華遊艇，統一遊艇更加專注生產高品質、高價位的產品，就像是 President Yachts 系列一舉突破 100 呎，並在 2008 年前發表了 107 呎的三層甲板超級遊艇（107 Tri-Deck Motor Yachts）。

當時出口數量雖然逐漸下降，而且建造時間還是過去中小型遊艇的 2 到 4 倍，但大船的利潤卻比往年建造小船時高出許多。

因此，2005 年至 2008 年可以說是統一遊艇最燦爛輝煌的時期，當時 10 條產線產能滿載，員工數量突破 400 人，員工加班、代理催船更是船廠內的日常光景，還有 60 呎到 100 多呎的各種船型任船主挑選，一年出口高達近 20 艘中大型尺寸以上的遊艇。

關關難過關關過，
期待遊艇王國再現輝煌

只是，2008 年的金融危機緊接而來，統一遊艇面臨國外訂單驟減、將軍漁港土

統一遊艇在葉煌輝董事長的帶領下，是當時臺灣走向國際的最佳代表之一

[上] 1990 年代 Nissan 與統一遊艇共同慶祝第 100 號船完工出廠

[下] 1990 年代葉煌輝董事長夫婦受邀成為美國共和黨參議院顧問團隊並與時任美國總統的布希夫婦合照

地租金成本每年調整的壓力，還同時遇到國外總經銷商車禍過世，讓經營雪上加霜。

所幸關關難過關關過，與 1990 年代的政治困境加上臺幣升值挑戰相比，金融危機雖然動盪，但憑藉著統一遊艇的數十年累積下來的口碑，以及新廠區的利基，大型遊艇的訂單仍持續進來，靠著大型遊艇的利潤，讓統一遊艇順利挺過這波危機。

金融海嘯後，統一遊艇持續深耕大型遊艇市場，並以此獲利空間來開拓其他船型，像是 2009 年再次與 Ted Hood 合作設計建造的 President Expedition 系列，就是 Category A 可越洋的探索型遊艇。「這個船主是義大利總統的孫子，直接從臺灣開走，航過東南亞各國、先去新加坡、再回義大利。」葉煌輝說。

事實上，造船技術嚴謹的統一遊艇，也是臺灣第一家引進 ISO 認證的船廠，更在 1993 年成為第一家獲得第一屆臺灣精品獎的船廠；提到國內獎項，2018 年一名澳洲船主訂了一艘 115 呎的 Tri-Deck，該案例是國內第一艘在 FRP 遊艇內安裝氣動式電梯的遊艇，也獲得 2019 年臺灣的年度遊艇獎。

王啟富難掩興奮地表示，當時為了測試氣動式電梯，統一遊艇跟臺中的廠商訂了兩組，一組先到廠內用吊車吊起來晃

動，模擬海上航行的情況，測試管路、配線一切沒問題後，才交貨第二組正式裝在遊艇上。

一路走來，目前統一遊艇規模縮小至員工人數約 60 人，但訂單穩固、獲利穩定，每年可出口 2 艘 80 呎以上的大型遊艇，船型則提供 63 至 87 呎的 Trawler、107 呎至 137 呎各類形式的超級遊艇，市場以美國、澳洲、日本為主。

雖然整體規模不比從前，葉煌輝仍相當驕傲統一遊艇 50 幾年下來，以優良的品質，以及高度客製化，能依船主想法量身打造豪華遊艇，進而被國際市場與船主認可。「我有一位日本的好朋友船主，這些年一直跟統一買船，從最初的 49 呎一直換到最近的 107 呎，買了 5 艘！」他笑著說。

談到近幾年的疫情，統一的訂單多少受到影響。不過，葉煌輝表示，每個時期流行的都不同，像是最近 Trawler 就有不少人詢問，甚至有買家已經約好疫情後要來臺灣看船，廠內目前也有一艘創廠以來最大的 137 呎遊艇正在建造，預計賣到美國。

然而，回顧超過半個世紀的遊艇造船人生，其實葉煌輝仍心心念念著船廠的傳承，缺工加上年輕人不願意投入，讓統一遊艇船廠內傳承半世紀，獨步全球的技術面臨失傳的危機。

葉煌輝感嘆地搖搖頭說，這是整體教育和社會觀念的問題，非常需要改變，「臺灣有超過 1,000 公里的海岸線，應該發揮我們自己的優勢，培養學子並推廣產業，才能真正讓臺灣遊艇產業能夠永續發展。」

[上] 1992 年統一遊艇登上日本 Ocean Life 雜誌專題介紹
[下] 1992 年日本 Ocean Life 雜誌刊登葉煌輝董事長全版照片

造船工程師的一粒憨直心

走入新洋遊艇的製造現場，未完成的遊艇被高聳的鷹架環繞包圍著，四五層樓的鷹架高度使得遊艇原本巨大縝密的結構看起來更加巍峨壯觀。高勝彬董事長從偌大的遊艇階梯走下，有著粗壯的身形、些微花白的頭髮加上看起來酒量很好的肚子，全身佈滿施工粉塵，活脫脫以一個木工課長的面貌現身，與董事長的稱號大相徑庭。

聽著高勝彬董事長說著自己的故事與新洋遊艇的緣起，直率的他開始侃侃而談這些在遊艇業打拼的黃金歲月⋯⋯

新海洋遊艇的誕生與挑戰

成立於 2005 年的「新洋遊艇」原名為「新海洋遊艇」，起始要追溯回 2000 年，臺灣的遊艇產業挺過 1990 年的臺幣升值危機，正好是走向下一波繁榮的時機點。在這波興起的浪潮中，營運漸漲的寶島遊艇廠區因逐漸無法應付產能，董事長陳昭全便開始佈局增產策略。

陳昭全是寶島遊艇創辦人陳春煙董事長的家人，早在 1990 年代初期就前往上海設立船廠，也與臺南官田區的人冠遊艇合作代工製船，為寫下臺灣遊艇產業風華歷史的關鍵人物之一。高勝彬當時在人冠遊艇任職，正巧想嘗試創立遊艇廠，與陳昭全希望增加產能、回臺設生產線的目標不謀而合，有志一同的兩人便共同投資，創立了新海洋遊艇。

高勝彬畢業於國立臺灣海洋大學，比起選擇臺船、聯設等較為穩定的工作，高勝彬大學畢業、退伍後，於 1987 年投入充滿挑戰的遊艇製造業，並曾在嘉信、人冠等船廠裡累積經驗，也與這些船廠一起度過了 1990 年的臺幣升值危機。

chapter

16

New Ocean 710 Sport Motor Yacht 系列，最高速可達 33 節以上

新海洋遊艇創立之初的大多數獲利是接下陳氏家族所帶來的代工訂單，主要製造當時北美設計師 Howard Apollonio 所設計的 Regency Yachts 系列。當時整個系列的船模製作開發、後續諸多細節、以及部分船體設計是交付時任船廠總指揮與技術指導的高勝彬。高勝彬回憶：「2000 年的時機雖然辛苦，但其實利潤都是不錯的，那時共同在第一線打拼的船廠還有宏海等剛成立的船廠。」

創廠之初除了代工生產以外，新海洋遊艇也以自創品牌 New Ocean 對外行銷，營運初期員工數約 100 多人，多由高勝彬招募並兼任管理與技術執導。當時第一艘船是現在仍在普吉島提供貴賓租賃服務、長達 95 呎的 Lady Eileen II。高勝彬對 New Ocean 第一艘船依然印象深刻：「這艘是我們做過

新洋遊艇與 Bruce Scott 共同打造的 Whitehaven
遊艇系列十分受到澳洲市場歡迎

協助 Whitehaven 設計建造的 7500 Sports Yacht 系列

最大的船，自己設計、自己開模，船主是一位退休的英國人，我們在新加坡交船後他便開去普吉島，後續在當地經營遊艇租賃生意。」

然而，2005 年初創立的新海洋遊艇僅有 Regency Yachts 系列以及 New Ocean 系列的訂單，營運還未站穩腳步隨即遇到 2008 年的金融危機，產量從一年 3 至 4 艘驟降到僅僅 1 艘，甚至碰上沒有訂單的窘境。

荏苒十年餘波盪漾

置身 2008 年金融風暴困境，新海洋遊艇很幸運地在澳洲市場中找到度過這段危機的好夥伴。由於 New Ocean 的船型設計符合澳洲船主的用船習慣、也較迎合當地的市場需求，十分受到澳洲買家歡迎，因此，當第一艘船賣到澳洲後，立刻出現代理商願意協助銷售，甚至有數間代理商積極詢問獨家代理權。

最終與新海洋遊艇建立穩定關係的是 Whitehaven Motor Yachts 創辦人 Bruce Scott。Bruce Scott 在 2009 年前後購買了新海洋的遊艇，成為 New Ocean 的船主，基於對海洋與玩船生活的熱愛，Bruce Scott 進一步與新海洋遊艇合作並成功取得 New Ocean 的銷售代理權，同時也成立自己的遊艇品牌 Whitehaven Motor Yachts。

雙方的合作方式為 Bruce Scott 提供澳洲市場的用船習慣與市場喜好給新海洋，並委託新海洋來做整體設計與建造，因此雖然名義上是幫 Whitehaven Motor Yachts 代工，但該品牌的遊艇系列多是由新海洋遊艇設計。

經過 2008 年金融風暴後，原本積極參與經營的陳昭全董事長將重心轉回原本的上海寶島遊艇，並暫停 Regency Yachts 代工以及推動的業務，直至 2012 年前後，才由陳氏家族中的陳佳青回臺接任董事長，並重新著手 Regency Yachts 業務，以中國市場為目標推出一系列船型。

後續與 Whitehaven Motor Yachts 以及 Regency Yachts 建立的穩定代工合作關係讓新海洋遊艇逐漸能夠有穩定的收益，高勝彬苦笑地說：「其實還是很辛苦，那時花了一年只造一艘船，只能勉強維持一年的營收！」

談及 2010 年前後最為可惜的合作關係，便不能不提及
Riviera 了，當年有很多歐美紐澳的遊艇品牌前來洽談合
作，連澳洲最大的遊艇品牌 Riviera 也找上門來簽訂合約。
那時 Riviera 最大的船只有 70 呎，於是找了經驗豐富的新
海洋遊艇共同設計開模，準備開發 70 呎以上的大型動力遊
艇，當時廣告與行銷預算都已經投入、甚至到了連實體廣
告也刊登發送的階段，但第一艘船尚未下訂，Riviera 就宣
布破產重整，直至後續合約期滿都沒有生產出任何一艘遊
艇，對雙方來說都十分可惜。

為一份人情，重組新洋遊艇

2008 年金融風暴過後，整體遊艇市場的消費習慣已有所改
變。隨著船主講求品牌、服務、以及更短的等船期間，做
為新船廠的新海洋遊艇的資本積累、製造規模、以及人脈
網絡無法像大型船廠或者遊艇品牌投入大筆預算行銷與營
造品牌，也無法事先打造庫存船讓代理商以實船行銷；因
此，新海洋遊艇在 2010 年代開始的經營雖然穩定，每年有
2 艘以上的訂單，但整體經營仍相當困難。

2018 年，時任董事長陳佳青決定暫停新海洋遊艇的業務；
然而，當時有艘大型遊艇的訂單一直在洽談中、加上拜託
的船主是曾經購買 2 艘遊艇的老客戶，與高勝彬以及船
廠都有深厚的情誼，因此高勝彬毅然決然接手了新海洋遊
艇，把原本的工程師與師傅都找回來，重組轉型成為「新
洋遊艇」，高勝彬便起了自己的家，成了新洋遊艇董事長。

高勝彬面露些許為難但帶著驕傲地笑著說：「原本打算那
艘大型遊艇製造完成後就把船廠收起來，但沒想到後續一
直有船主委託新訂單，因此又繼續經營到現在。」

New Ocean 710 Sport Motor Yacht 系列的多樣客製化設計

目前新洋遊艇約 50 至 60 位員工，主要市場在澳洲，配合 Whitehaven Motor Yachts 以 New Ocean 的船型模具製作 Whitehaven 大型遊艇的代工訂單、同時推行自有的 New Ocean 遊艇系列。製造船型偏向大型的 Sport Motor Yacht 並強調客製化生產，與慢速遊艇 (Trawler)、帆船、以及其他歐風遊艇不同，藉此做出市場區隔。

新洋遊艇現階段的經營目標是希望能找到長期且穩定的大型遊艇品牌協助代工、進而穩定整體營收，累積一定資本後再行投入資金經營自有品牌、以及評估其他可能的投資如：置地設廠、庫存船行銷等。然而自 2020 年以來受到 COVID-19 的衝擊之下，客人不能來工廠、公司端也不好出國向外尋找客戶，所以目前僅透過代理商接單，加上船的驗收也不方便，導致整個銷售型態大變，影響甚鉅。

BUILT FOR BLUE WATER

高勝彬董事長與他打造的 Whitehaven 遊艇系列

造船人的感喟期盼

投入遊艇產業已經超過 35 年，造船工程背景出身的高勝彬董事長直白地說道：「我對品牌與行銷比較沒有想法，但遊艇就是要把品質做到好，船主一看就會知道！」面對不斷擴大的人才斷層，新洋遊艇目前也持續培養與物色人才，而其他大廠的吸引力，造成缺工的挑戰也越來越大。高勝彬董事長說：「臺灣遊艇產業真的要給年輕人或者有才能者更多機會，讓更多新血願意加入，才能真正讓產業永續。」

高勝彬認為新洋遊艇仍然處於起步階段，對於為臺灣遊艇產業的貢獻還需要投入更多努力，也希望持續能把船的品質做好、不負船主對他以及船廠的期待。他也透露：「考量之後有新的合作關係，也將公司英文名稱改為 JDA Yachts，期待未來會有新的夥伴進來！」目前新洋遊艇已成功取得與 Fleming Yachts 的合作，協助建造 Fleming Yachts 在 2020 年發表的最大尺寸旗鑑－ Fleming 85。

投入遊艇產業多年，外界看到的高勝彬，是有著造船公司董事長華麗稱號的大人物；實際上，在臺灣的造船圈裡，大多數人都是做工的人，心裡想的，也都僅是造船的事。然而掌握國際行銷策略與品牌經營卻是臺灣大多數遊艇產業所欠缺的能力之一，眼下疫情帶來的衝擊也使得船廠的願景更加充滿挑戰。

遊艇製造業是否已在臺灣製造的夕陽圖像中納為一塊拼圖還未可知，但在董事長的言談中，我們看到的是那份對於造船與遊艇品質的堅持與執著；這一路走來，高勝彬始終堅持不懈的努力耕耘，更是業界有目共睹的。

造船一如做人處事
以誠信打造的遊艇霸業

—— Monte Fino Yachts
嘉信遊艇股份有限公司

高雄小港臨海工業的光陽區廠房，一輛大吊車正吊起一艘超過百呎的豪華遊艇，緩緩放入水中，遊艇就這樣直接在水上製造、測試，這是嘉信遊艇廠內可以停放 20 艘遊艇的試水池，40 多年前它還只是一座浸泡原木的貯木池。從木業到遊艇產業，嘉信的改變看似巨大，但不變的是對品質的追求，與長時間穩定的積累。

木業轉型，跨足遊艇生產獲肯定

「在甚麼位子、甚麼角色，就要把手上的事情做好，不要浪費這一生，造船就跟做人一樣。」回顧嘉信遊艇的發展，嘉信遊艇總經理龔俊豪感性地說道。

做為國內大型遊艇集團之一，創辦人龔氏家族最早其實起家於臺南、高雄等地，從事木業、漁業、養殖漁業，爾後欲擴大事業規模，才陸續集結鄭氏家族、何氏家族資金成立嘉信木業有限公司。

適逢 1970 至 1980 年代臺灣遊艇產業逐步興盛，與遊艇產業關係緊密的木業也感受到這股巨大潛力，看準了機會，龔氏家族遂邀集各股東，沿用嘉信木業有限公司的名稱於 1977 年投入遊艇製造產業。

轉型生產遊艇，嘉信初試啼聲即獲得佳績，成功於 1978 年交付第一艘自行開發設計船型的 Trawler 到美國西雅圖，而打造出這艘 43 呎 Trawler 的關鍵人物，是時任總指揮莊竹壽根據自身經驗設計調整。

chapter

17

嘉信遊艇訂製遊艇系列
122 呎 Tri-Deck 訂製豪華遊艇

嘉信遊艇訂製遊艇系列
100 呎 Raised Pilothouse 訂製豪華遊艇

嘉信遊艇在 2007 年成為臺灣第一家達成出產 1000 艘遊艇的遊艇船廠，是一項別具意義的里程碑

打開歐美代工市場，
走過 80 年代的風光

未料才剛嚐到甜頭，就遇上 1979 年臺美斷交、兩伊戰爭爆發，整個美國遊艇市場大受影響，也直接影響到嘉信的訂單與生產，只能靠著股東抵押私人土地融資維持船廠來持續營運，共同撐過這段考驗。

而當時的代理商通路也因為國際連結受挫，加上不熟悉美國商場，一直無法有效拓展，導致持續製作的遊艇堆滿廠房，資金周轉壓力愈來愈龐大。

幸虧天無絕人之路，就在萬般艱辛的時候，一位在美國擔任驗船師並從事遊艇買賣的華僑葉立華，替嘉信引薦了當時美國西岸知名的遊艇代理 Albin Marine，這才順利穩固了嘉信當時遊艇出口的重要通路，並從此在美國與歐洲市場打開知名度，包括 Spindrift Motor Yachts、Bell Marine、Tarquin Motor Yachts 等歐美重要代理商都前來與嘉信合作，締造了 1980 年代的輝煌成績。

「那時候船殼一離模就是馬上接下一艘的積層，船模完全沒有休息的時間。」前嘉信遊艇合作代理商 Spindrift Motor Yacht 聘用驗船師、現任宏海遊艇執行長張嘉豪笑著回憶起當年盛況。

當時的船型設計較簡單、內裝變化較小，有些內裝家電甚至是由代理商協助交船後安裝，透過固定模具、批次製作等方式，再配合臺灣木工師傅的高超技術大量生產，一年平均出口數量高達 60 到 70 艘，1984 年當年嘉信甚至創下出口 99 艘遊艇的傲人紀錄。

但嘉信並未因此滿足於替國外品牌代工，1980 年代初期便成立自有品牌 KhaShing Yachts 來製造、銷售遊艇，在全臺遊艇船廠多以代工為主的年代，就發展出品牌與代工並行的船廠經營模式。有趣的是，在與船主討論後，雙方都認為以歐美為主的遊艇市場需要一個歐美富豪可以接受的名字，因此又延伸出以義大利文命名的 Monte Fino Yachts 品牌，並於 1985 年出口第一艘 Monte Fino 遊艇，持續開拓歐美兩地的代理。

就在臺灣遊艇製造廠逐步站穩之際，1990 年代臺幣升值，重創了臺灣遊艇產業。與美國市場連結深厚的嘉信多少受到影響，所幸 1990 年前後嘉信的主要客戶仍以歐洲代理商為主，歐洲訂單甚至多到超越嘉信原有的生產能量，為了消化過多的訂單，還於 1987 年聯合數位股東與幾位幹部，接手緊鄰嘉信遊艇的先啟遊艇，成立了嘉鴻遊艇。

除了持續深耕歐洲市場，嘉信也在 1995 年開始與美國代理商 Michael Joyce 合作，後來更協助他創立了 Hargrave Custom Yachts，而嘉信也透過與 Hargrave 合作，進一步提升製造遊艇的技術、拓展 100 呎以上大型遊艇製造的領域。

可以說整個 90 年代，嘉信除了將銷售重心置於歐洲市場，同時也透過與代理商合作，以及開發設計自有品牌 Monte Fino，利用大型化與客製化遊艇製造的底蘊，開始走向製造大船的船廠經營模式，化危機為轉機，擺脫傳統船廠製造小船受限於台幣升值而獲利不佳、同時缺乏資金無法升級技術的困境。

家族二代接班，守成中求創新

走過 20 個年頭，從萌芽到茁壯，1997 年嘉信木業正式更名為嘉信遊艇股份有限公司，自有品牌 Monte Fino 在 90 年代也穩定了歐洲與美國的銷售代理，持續以每年約 20 艘以上的出口量，逐漸開展嘉信自有品牌的市場與口碑。

也是在更名的同段期間，龔氏家族二代龔俊豪進入嘉信從基層做起，在當時引入許多管理制度與認證以提升品質，包含全臺首次使用的 FRP 真空積層技術、CNC 切割技術、以及 ISO 9001 國際品質管理認證等。

「遊艇雖然看起來豪華奢侈，但其實遊艇是一個非常基層的事情，製造過程中的每個程序都需要師傅、工程師、管理者蹲到最低去了解、去堅持。到最基層聽每位師傅的意見，認識工廠中的每一位夥伴，自然就會做遊艇了。」龔俊豪說。

經歷了數年磨練，龔俊豪於 2001 年正式擔任嘉信遊艇總經理，開始更新、升級原有的廠房設備和生產管理制度，例

1970 年代完成第一艘 Albin 43 呎遊艇，嘉信遊艇主管與 Albin 代理商合影

嘉信於 1970 年代時廠區堆放許多各型遊艇成品等候出口

如：每項工作他總是安排兩個人以上共同完成，除了互相幫助外，也可以讓更多師傅學會造船的各個步驟，藉此保存製作遊艇的每個技術環節。

因為堅實的製造實力，以及持續努力，嘉信遊艇在 2007 年 10 月成為臺灣第一家製造 1,000 艘遊艇的船廠，寫下嘉信遊

1977 年嘉信完成第一艘遊艇於高雄港內下水測試

1978 年嘉信遊艇最早期的共同創辦人們與 Albin 代理商合影

艇一項別具意義的里程碑，並在 2008 年與 2009 年營業額連續兩年創下紀錄。

金融風暴肆虐，以誠信迎向挑戰

然而好景不常，2008 年金融海嘯鋪天蓋地來襲，許多嘉信當時的代理商都無法持續經營，導致許多訂單被迫取消，包括當時歐洲重要的代理商 Tarquin 結束經營、Monte Fino 經營多年的代理商也一一退出市場，而實力堅強如 Hargrave 同樣退了不少訂單。

金融危機導致整個遊艇產業的銷售方式大幅改變，銷售市場只成交看的到的庫存船，嘉信原本只以訂單生產的經營方式必須調整，因此便開始與 Hargrave 合作庫存船的訂製及銷售方式，讓工廠能持續生產，來度過這段艱困的時期。

嘉信也大量向外尋找可能的品牌代工，盡可能接更多各種不同的船型訂單，來增加收入並分散風險，像是確定聯華實業投資控股股份有限公司旗下的遊艇部門不再經營後，嘉信立即接下聯華原本合作的美國老牌遊艇代理商 Offshore Yachts 所有模具和訂單。

硬是挺過了這波原物料飛漲、資金獲利緊縮的困境，嘉信一不做二不休，更逆勢開始建造嘉信二廠，並與 Humphreys

Yacht Design 合作設計了 Monte Fino F 系列與 E 系列，製造了 F76 與 E85 兩艘新型遊艇，觸及更多新市場與船主。

這兩艘遊艇的設計不僅領先全球，例如 E85 類似 Explorer 遊艇的船艏，在當時獨樹一幟的造型，現今成為眾多遊艇船主的設計喜好；此外，它們更代表嘉信遊艇以 Monte Fino 的品牌首次參與了 2012 年歐洲最大型的 Düsseldorf 船展。

同時期，嘉信遊艇雖然失去大量代理商，卻幸運地遇到同樣試圖尋找新方向的澳洲遊艇船廠 Riviera 的 CEO Wes Moxey。由於 Wes 當年於 2008 年左右離開 Riviera，自創了 Belize Motor Yachts，因此急欲尋找合作代工的船廠，在看遍了全臺灣乃至於全中國的船廠，最後認為嘉信遊艇一如其「信」之名，品質與速度值得信賴，於是促成了雙方的合作。

「產品與公司文化必須並重，才是一間永續發展的好船廠。其中，信用是船廠文化中最重要的事情。」龔俊豪眼神堅定地表示。

因為這個「信」字結緣，嘉信遊艇與 Wes Moxey 在金融危機期間相互扶持，共同製造的第一艘 54 呎的 Belize 遊艇，就在 Wes 主動開模、提供船殼模具，以及嘉信遊艇提供金融支援的情況下，在 9 個月內從開模到交船趕工完成、在船

展上一炮而紅，造就了時至今日每年都有穩定 7、8 張訂單的合作關係。

穩住了原有的銷售通路，同時連結新的代理商去確保歐美市場，下一步，嘉信還開始思考國內與亞洲市場的可能，由 Phil Mcintosh 引進 Scott Robson/Robson Design 的 MARES 品牌代工，並開發了 Monte Fino C 系列雙體遊艇，期待以它低油耗、高穩定性、寬廣甲板空間的特性，讓國內民眾更容易親近海洋，參與遊艇生活。

1970 年代原用於浸泡原木的水池轉為遊艇試車水池，
照片中的就是當時 40 呎遊艇測試整備中

佈局品牌市場，產品多元化經營

自金融危機之後，時至今日的 Covid-19 疫情，遊艇市場的生態環境全面改變，面對不確定的未來，遊艇船主不願像過去一樣，從等船、下訂、驗船、到交船要花個 4 到 5 年的時間，開始希望盡早拿到遊艇及時行樂，讓這兩年的庫存船和二手船市場十分火熱。

如何在庫存船市場中脫穎而出？遊艇的品牌、銷售和口碑效應自然成為關鍵核心。為了迎上這波趨勢，嘉信力拚轉型，在董事長何妙娟的大力支持下，經過長時間的佈局與規劃，成功於 2020 年與 Offshore West 的 CEO John Olson 共同收購了 Offshore 這個在美國已經發展超過半世紀、有著良好聲譽、以及廣大銷售通路的遊艇品牌，藉此轉變過去代理商接單，並以客製化為訴求的生產銷售模式。

1984 年 45 呎單艙海釣船 - 因應不同客戶需求，以原有甲板模具改良變化不同造型，奠定嘉信客製化的深厚基礎

嘉信遊艇 E 系列節能遊艇 85 呎 節能探索遊艇

現任董事長何妙娟與 Hargrave Custom Yachts 的駐廠
代表 Phil Mcintosh，於澎湖西嶼坪藍洞駕駛著 Monte
Fino 76 呎遊艇

老董事長龔上杰與總經理龔俊豪
在澳洲船展合照

此外，嘉信也將與 John Olson 攜手推展 Offshore Yachts 銷售，並支持同時身為 Outback Yachts CEO 的 John Olson 和其創辦人 Andrew Cilla 創立 Outback Yachts，藉此一同建立起生產結合銷售，並由船廠主導大部分遊艇內外設計的計畫性生產流程。自從 2020 年接手 Offshore 後，有通路配合嘉信船廠的產線，不到一個月就接到兩張 54 呎及 64 呎的遊艇訂單。

「過去媒體多強調臺灣遊艇產業的高度客製化能力，然而臺灣船廠受限於產能有限以及人力成本逐漸提高，持續堅持客製化將直接導致獲利空間壓縮。目前遊艇的市場價格和船東需求多取決於遊艇的尺寸長度，因此未來臺灣遊艇產業本身的客製化能力，應融合計畫性生產去做出改變。」龔俊豪解釋。

除了歐美市場的代理商開發與行銷通路的取得 ，嘉信也持續協助船東完成夢想中的遊艇，而龔俊豪自己心裡其實也一直有個夢。

他認為，臺灣四面環海，但國內民眾卻無從親近海洋，因此在 2018 年於高雄港打造了全臺第一個開放給全民進入和參與的私人嘉信 22 號遊艇碼頭，提供 25 個大小泊位，以及國際級遊艇停泊服務，最大可容納約 150 呎的超級遊艇。

嘉信親自走入服務端，透過旗下 Monte Fino 的遊艇以親民的價格提供租賃、遊港、跳港跳島遊程等服務，期望能提供國內民眾一個親近海洋、了解遊艇生活（Recreational Boating）的機會和平台。

從代工走向品牌和水域休憩、從一間小工廠躍升國際舞台，品質和安全是嘉信始終如一的首要考量。數十年下來，除了落實企業的社會責任，照顧好現場的師傅、股東、以及代理商、船東外，透過觀念思維和經營方式的逐步轉變，也讓嘉信遊艇長久的累積持續傳承，穩穩地航向一條新的航道。

勇於成為穿浪前行的先驅
洞見遊艇製造未來

帶著兼具優雅與霸氣的身影，Horizon FD 系列遊艇，在加勒比海的蔚藍海面上悠然前行。催生這個被譽為近年最成功的遊艇系列之一，拍板自嘉鴻遊艇集團呂佳揚執行長當年大膽的決定，一如 FD 遊艇的高性能穿浪艏（HPPB），衝破市場浪花走出自己的道路；也源自嘉鴻遊艇身為全球前十豪華遊艇船廠的軟硬實力，就像 FD 系列融合硬稜（hard chine）及圓稜船型（soft chine）的獨特設計，是創立至今 35 年來全集團共同耕耘積累的成果結晶。

直指遊艇產業的核心價值

造船產業發展至今，從整合船廠的各個部門、進而延伸至專業分工與集團化、乃至於品牌建立與價值營造，已經是走向世界頂尖的必經之路。而談起遊艇製造，執行長果斷地說：「我認為遊艇這個行業就是整合業。當大家都有船廠、技術、人力、物料時，系統整合的能力會直接反映出一家遊艇廠的競爭力」。

回顧嘉鴻遊艇集團的發展，始於一間傳統遊艇的代工工廠，逐漸茁壯擴大並拆解分散，進而各自獨立卻有緊密合作，最終匯集能量擴散至全球市場。溯源這份對於遊艇產業獨到的拆解分析，以及獨排眾議的破釜沉舟，要回到嘉鴻當時誕生的原點。

嘉鴻遊艇集團最初的原點

1980 年代中期時，畢業於海洋大學造船工程學系的呂佳揚，經過在嘉信遊艇一路由實習做到主任工程師的歷練，已經

chapter

18

是國外遊艇代理在臺灣檢驗與監造遊艇的船東代表。當時正是臺灣遊艇產業最火熱的時候，美國市場的訂單多到做不完，廠區白天人聲鼎沸、晚上燈火通明。

入行以來一直懷抱創業夢想的呂佳揚，順著勢態看漲，在老東家的鼓勵與支持下，與龔上杰及鄭舜惠共同合夥，於1987年買下了嘉信遊艇隔壁、原屬先啟遊艇的 6,145 坪法拍土地，拉著現在的副總、來自澎湖的莊明寮，與當時幾位同樣來自澎湖的弟兄，在偌大的廠房中成立了嘉鴻遊艇，並取「地平線為航海者的焦距與船隻航行的目標」之意，公司英文名稱就訂為「Horizon Yachts」。

嘉鴻創立初期趕上這波遊艇製造熱潮，第一批訂單與嘉信合作站穩腳步後，憑著嘉鴻造遊艇的口碑，接續獲得美國 Vista、澳洲 Ranger 及瑞典 Royal 等品牌的訂單，主要代工製造 50 呎以下 Trawler 或 Sportfisher 形式的動力遊艇。在當時嘉鴻也是少數主動取得歐洲驗船認證的船廠，1990 年就取得挪威驗船認證（Det Norske Veritas, DNV）正式進入歐洲市場。此外，同時嘉鴻遊艇也自行開發 44 呎的 Horizon 經典形式遊艇，並銷售至歐美、日本等市場。

然而，當業務逐步走上軌道時，卻遇到1990 年前後的臺幣升值與美國頒布奢侈稅，美國訂單大減，讓草創的嘉鴻馬上

早期是大量手工開模的年代，模具尺寸大多集中在 40 呎至 65 呎之間

面臨生死抉擇。與共同創辦人經過深切討論後毅然決定奮力一搏，將重心抽離北美、全力轉至歐洲市場。然而，轉換市場並非一蹴可幾，尤其面對歐洲這個遠比美國有更深遠玩船歷史的市場，船主更希望看到一艘完成度更高、細節更精緻、可以插了鑰匙直接開走的遊艇；對船廠來說，更是要跟歐洲傳統大廠直接挑戰造船工藝的考驗。

貫徹這項決定，嘉鴻遊艇也只能做中學、適時調整與修正，盡量先將訂單留下來，再去思考解決辦法。幸運的是，在創立初期嘉鴻就有經略歐洲市場的經驗，在 1988 年與瑞典設計師 John Lindblom 所開發的 58 呎船型，成為了 1990 年代前進歐洲最成功的船型，至今模具仍在使用、發展為成功的 Horizon E 系列。

隨著努力與堅持所贏得的口碑逐漸堆疊，德國 Eichinger、奧地利 Yaretti、義大利 Best Yacht 及荷蘭 Lengers 等新加入的許多歐洲代理商開始與嘉鴻遊艇合作，在 1992 年出口量達到 35 艘，成功拓展歐洲市場。現任 Horizon Yachts 歐洲代理總監 Ron Boogaard 與他的太太 Ruth，就是這個時期建立的連結。

而在 1990 年代，嘉鴻最重要的歐洲夥伴是來自德國的 Drettmann GmbH，一家始於 1970 年代並由家族營運的重量級遊艇銷售與修造代理商。嘉鴻遊艇與 Drettmann 在 1993 年開發的 Elegance 70 大受歐洲市場好評、訂單逐年增加，後續於 1994 年發展出 E80 船型、以及與義大利設計師 Tommaso Spadolini 合作開發 100 呎的超級遊艇，不僅讓 Elegance 成為 1990 年代中後全球最暢銷的遊艇系列之一，也成功讓嘉鴻遊艇度過這波危機。

至此，嘉鴻遊艇業務轉為以歐洲及亞洲為主，原先美澳市場占比由 8 成降至 1 成，歐亞地區則由 2 成增加至 9 成，奠定日後全球化市場發展的方向與分散風險的基礎。

1990 年嘉鴻遊艇第一艘自行開發的 Horizon 44 呎遊艇

瑞典設計師 John Lindblom 與嘉鴻攜手設計過許多經典船型，和嘉鴻的合作已超過 20 多年，其中雙方合作的 58 呎遊艇也是 1990 年代前進歐洲最成功的船型

改造與分工，深化展現遊艇製造的附加價值

穩定訂單後的第一步，嘉鴻開始思考的問題是如何深化與彰顯遊艇製造的價值，第一個答案是國際的品質認證。1997 年嘉鴻取得 ISO-9002 認證並在 1998 年推行歐洲合格認證（CE MARK），於 2010 年也正式成為「超級遊艇製造商協會」（Superyacht Builders Association, SYBAss）唯一亞洲會員。雖然過程艱辛，但嘉鴻遊艇的管理制度因此更加有序、也讓船主與客戶更加放心。

第二個答案則來自於剖析船廠整合過程而成的「系統分工整合能力」。因此，嘉鴻在 1999 年引入 FRP 樹脂真空注入技術「SCRIMP」專利，並在 2000 年時將製作船體、甲板和相關構建的 FRP 部門移出、成立「先進複合材料科技股份有限公司」，專責生產大型 FRP 船型構件。至今已是國內複材領域的領導者，不僅多家遊艇廠會委請先進複材製作船殼，其業務版圖更觸及賽車車體、風電設備、國防工業、輕軌製造等多重領域。

後續嘉鴻更進一步以船型尺寸分工，2001 年成立「鴻洋遊艇股份有限公司」，

1993 年 9 月嘉鴻遊艇股份有限公司全體同仁合影，到 2008 年時員工人數超過 1200 人

負責生產 80 呎以下的中小型遊艇；2005 年成立位在旗津且臨水的「高港造船股份有限公司」，占地 8,000 坪的廠房專責生產 130 呎以上客製化超級豪華遊艇。

為精進生產效率，2004 年購入光陽街原廠區旁土地，合併總面積達 13,000 坪；2006 年更是排除萬難爭取通過美國國防部核准、花費 100 多萬美元購買機台、耗資 1 億元臺幣建立專用廠房，建置長 30 米、精度可以達到 0.05 毫米的巨型 CNC 5 軸加工機，成立模具中心。

除了硬體設備上的升級，嘉鴻遊艇也成立 IT 與管理部門，自行研發 ERP 系統，在 2006 年管理系統全面 E 化、成立集團管理中心，由呂佳揚擔任集團執行長，統轄集團內 5 家公司，讓嘉鴻躋身全球第六大豪華遊艇製造廠。

到了 2008 年，總員工人數已經超過 1200 人、年出口遊艇數量達 54 艘且平均長度 74 呎，整體營收更達近 40 億臺幣、是 2005 年的兩倍以上，直接反映了專業分工與制度化管理的絕佳成效。

大破大立，挺住震盪醞釀品牌之路

走在今日的各大國際船展，路過的潛在買家，一定會看到 Horizon Yachts 的攤位，並聽見飄揚的旗幟與華美帳篷下船主們爽朗的笑聲，在在說明了擁有一艘嘉鴻的遊艇與進入 Horizon Family 是多麼的美好。然而，這一路走來的品牌之路，撐起今日品牌價值的背後，實為自創業以來的萬般苦痛與挫折。

Horizon 這個品牌，其實最早可以追溯到 1991 年、甚至是創廠之初，但早年受限於代理與台幣升值，嘉鴻遊艇依然被定位為付出勞力的代工船廠，甚至在 1993 年必須退出美國市場。

站穩歐洲市場後，嘉鴻遊艇在 1998 年重返美國，先建立西岸代理 Carl French Yacht Sales、1999 年再建立美東代理 Gilman Yachts。而歐洲市場，則是要等到 2008 年的金融海嘯，隱身在幕後的嘉鴻遊艇才能將 Horizon Yachts 這個品牌端上檯面。執行長回想起推品牌的痛苦與無奈：「如果沒有這波金融海嘯、代理商依然穩健，業績或許更好，但嘉鴻的品牌之路可能還在掙扎。」

2008 金融海嘯後，歐洲與美東代理相繼結束合作，當時嘉鴻產線上排了超過 10 艘未完成的遊艇，如果這些訂單全部被取消，損失將高達 3,000 萬美元。面對

擁有 Horizon 遊艇，就像擁有一個 Horizon 大家庭。每一次的 Horizon 船主遊艇饗宴中，都會邀請船主與賓客盡情享受美食、美酒和燦爛陽光，讓船主們有機會聯絡彼此情誼、交換度假航遊心得

Horizon FD 系列是近年嘉鴻遊艇最成功的系列之一，
照片中是銷售至美國與澳洲的兩艘 FD90 與一艘 FD102

此一狀況，公司決定繞過仍在處理倒閉清算的代理，直接與訂船船主討論如何解決。就這樣一條一條船處理，有的船主願意多付出一點費用與嘉鴻共同承擔損失，但也有船主不願意接受、甚至走上法律途徑。至此，公司也只能透過重新改裝的方式將船完工再行尋找新的買家。幸運的是，透過誠意與原訂船船主接觸，多數訂單都有解決，而放棄的訂單也意外建立起類似庫存船銷售與計畫性生產的「先建後售」模式。

面對海嘯後的動盪，當下最關鍵的議題是：「遊艇製造的附加價值還能如何提升與更加穩固？」除了這些年一路走來的集團化專業分工、數位化管理、加碼創新與研發以外，嘉鴻的下一步在哪裡？嘉鴻遊艇集團的答案就是「推廣全球品牌」。

因此，就在金融海嘯的隔一年，集團整合的力量延伸至行銷通路，在全球市場推行單一品牌 Horizon Yachts 的重建，提高品牌的形象與知名度。而最主要的動作不僅是接手因金融海嘯結束營業的美國代理，更在集團內成立行銷中心，讓嘉鴻不只是發佈期刊、參加國際船展，也自行舉辦雙年 Open House 新品發表、船主聚會，遠比過去扮演更積極的角色。這樣的努力也讓嘉鴻遊艇集團在 2013 年被 ShowBoats International 雜誌（現已合併為 Boat International 雜誌）評為海嘯過後全球前 10 大銷售良好船廠、以及全球第 5 大客製化遊艇製造廠商。

厚積而薄發，
持續進化的品牌之力

2014 年，呂佳揚擔任遊艇公會理事長時，推動了臺灣第一屆的遊艇展，並在 2016 年連續舉辦了第二屆，不僅推展 Horizon、也聯合全臺船廠直接面向國際；更具意義的是，讓臺灣這個海島國家的民眾，有機會近距離認識臺灣遊艇的品質，建立一個良好且正面的形象。為此，嘉鴻遊艇投資了全臺第一座私人遊艇碼頭「亞灣遊艇碼頭」，期待能將玩船的風氣帶入臺灣，同時也要歡迎全世界的船主來臺灣停靠、認識美麗的寶島。

從國際到國內的品牌建立，不僅是軟實力展現，最重要的還是要有造船的硬實力搭配；嘉鴻近年持續投入新技術研發採用，例如先進複材的 6D 真空灌注技術、超音波／紅外線熱成象／雷射光量測儀／3D 測量檢測等技術，就是希望能呈現給船主更加卓越的遊艇品質。逐年推陳出新的船型，也持續滿足買家的期待，像是在 08 年金融海嘯後逆勢推出的 E88、RP110、PC 雙體船型等，亦或是在 2013 年交予新加坡船主的第一艘鋼鐵船殼與鋁合金船身 EP115 遊艇及 2016

Horizon FD 系列設計師 Cor D. Rover 與呂佳揚執行長
在 2018 年於 Horizon Open House 合照

年完工，集團旗艦船，船長 45 公尺的 EP150 後續都在對應市場
中獲得極佳迴響。而真正讓嘉鴻登上另一個高峰的船型，實屬集
廠內造船技術與設計精華的劃時代之作：「Horizon FD 系列」。

FD 系列是由荷蘭遊艇設計師 Cor D. Rover 所設計；當年 Cor 走
進羅德岱堡船展的 Horizon 攤位展示一艘 78 呎的草圖，同時
解釋道：「設計啟發來自於汽車市場越來越多 SUV 趨勢，就像
Porsche 當年推出 Cayenne 一樣。艙內容積就是王道，而且未來
也將一直都是（Volume is king and will always be.）。」

傳統的外型，市場

嘉鴻遊艇投資 1,500 萬美元，興建近三千坪的全新廠房，
可同時建造 7 艘 120 呎的超級遊艇，於 2021 年啟用

嘉鴻一眼就看到了這個原型的潛力，也決定與 Cor 合作並發展至
今成為全球近年最成功、銷量成長最快的豪華遊艇系列。Cor 笑
著說：「我當年算是很勇敢把這個點子畫出來，但 John（呂佳揚
的英文名字）更勇敢，他敢把這個點子做出來！」

時至 2019 年，面對 COVID-19 的挑戰，有了當年金融海嘯的
經驗，嘉鴻果決地趁著生產空檔投資 1,500 萬美金動工興建近
3,000 坪的全新廠房並已正式啟用，可同時容納七艘 120 呎以上
的遊艇建造，恰好迎上一波由歐美船主因無法出國而選擇購買遊
艇到海上度假隔離帶起的買船浪潮。面對這個來的又急又快的趨
勢，當年嘉鴻遊艇集團所建立的「專業分工」、「先建後售」與

「品牌價值」等基礎，此時更顯遠見；在 2022 年，再次穩居全球第九大豪華遊艇製造船廠。

走過 35 年的歷史，嘉鴻遊艇集團從一家小代工廠開始，到現今融合專業分工與創新研發所堅持的造船品質、以及透過全球佈設行銷網絡所展現的品牌價值，已成為世界最頂尖的遊艇船廠之一，執行長分享：「當聽到船主說『Horizon, it's my dream boat!』，Horizon 這個品牌就成功了。」今日，嘉鴻遊艇面對每一位船主，不管是老客戶或新船主，不僅僅將他或她視為是一位重要的客戶，更將是一位永遠的 Horizon 家族成員。

―― **Hsing Hang Marine Industries Co., Ltd.**
興航實業股份有限公司

淡水河上木製的舢舨船徐徐划過，在河面畫出長長的波紋，有人乘著船勤奮地捕撈漁獲，也有人操著槳趕著速度載運貿易商品，這樣的河岸往來景象，正是陳振吉造船時看見的影像、撐起的榮景，也是興航實業股份有限公司的發展緣起，一段臺灣遊艇製造產業的起源。

在淡水河畔造船，同時望向國際

興航實業創辦人陳振吉出生於 1930 年，父親陳水源從事位於淡水河畔的造船業，建造傳統約 20 呎的木製船隻，除捕魚載貨，亦提供運送砂石、水肥等日常所需。國內木造龍舟的造船師傅更因為這層淵源幾乎都曾與陳水源學習相關技術，而後來在新店碧潭擔任重要交通運輸工具的手划船，也

於臺北廠完工後上架準備下水的動力遊艇，後方還能看見許多木料堆放在當年剛建好的淡水河堤防牆面旁

[上] 陳振吉帥氣地騎著檔車與 1967 年剛
　　 完工的社子廠合影

[下] 早期於臺北廠內正在使用檜木等珍
　　 貴木材製作中的帆船船體

多經過陳振吉之手。造船業務之外，陳家也從事修船，以松山、社子一帶的船隻維修為主要範圍。

成長於船隻圍繞的環境中，陳振吉於 1956 年開始繼承家業，成立家族經營的造船事業，廠房即在今臺北市民族西路與環河北路二段交叉口之處。當時美國派駐協防臺灣的美軍顧問團，座落於今民族東、西路以北到酒泉街一帶（今花博公園園區），成群結隊的軍官時常在下班後，前往營區內的 Post Exchange 採買用品（PX，美軍福利社），並散步至淡水河邊賞河景、觀看各家廠房修船造船，進而開始委託陳振吉製作船隻。

前來委託的通常為軍官，甚至有上校階層的客戶，這些美軍身邊總帶著一位臺灣女朋友，女朋友做為語言的橋樑，在一來一往翻譯的過程中，讓陳振吉造船廠在那個國際情勢與國內戒嚴交互造成的封閉情勢下，搭起了與美軍的深厚緣分，造遊艇的技術更逐漸導入臺灣。

當時船體結構的設計都是美軍或其他客戶自國外買回，再配合大幅且內容完整的圖面說明進行施作，較特殊的工法在圖面上甚至有詳細的註解，師傅跟著摸

索推敲，製作的船越多，功夫也越發成熟。起初製作小型 19 呎左右的馬達船，船身低矮、配裝一個 25 匹的舷外機，大約做了 2 至 3 艘，可跑 20 節以上，有別於過往商業與維持生計的需求，美軍委製的船隻多為娛樂用途，軍官與親友們時常乘船在淡水河或基隆河上悠閒地釣魚划水，興致來時還會互相飆船競速。

現擔任廠長的陳永貴回憶：「那時候有位美軍飛官因為總是臉紅紅的，我們就暱稱他為『紅面仔』。這位『紅面仔』跟我們（陳振吉造船廠）訂了一艘 40 幾呎的帆船，白天去林口的空軍基地上班，下班之後回來船廠內住在上架的帆船裡面，甚至還在臺灣認了一個義子，退伍後更開著帆船返回美國！」一旁的副總經理陳錦潭笑著補充：「當時整理這位『紅面仔』留在船廠內的物品，甚至還有發現美軍軍方配給的手槍與彈藥，當時看到整個嚇死了！那個年代是會被槍斃的啊！趕快找個地方埋起來！」

陳振吉造船廠與美軍的友好情誼也反應在造船的過程中－早期很多的五金與零件配裝都是船家自行製作，例如當時龍骨的螺絲需要購買長長的鐵棒再自己攻牙，若某些特定零件國內無生產或進口，更必須突破時局下的重重困難往國外找尋。陳振吉造船廠在美軍協助下，

臺北廠外的帆船造船場景

社子廠內師傅工作狀況

社子廠內排滿趕工與準備交船的遊艇

可直接向國外訂購物品，在臺北廠建造遊艇的業務中是一段特殊且難得的經歷。

1961 年前後，陳振吉造船廠生意穩定，員工人數成長至 20 人左右，遂將原木造的船寮翻修成為水泥磚造的雙層廠房，開始做雙體或三體的帆船。彼時船廠仍使用「蒸氣彎曲（Steam Bending）」技法，需將木材蒸軟後彎折成型，細節繁多、做工複雜，木造遊艇年產量大概僅 1 至 2 艘 25 至 45 呎的帆船。

耕耘於木造船工藝，發光在新版圖擴張

時至 1967 年，業務量節節升高，陳振吉開始積極尋覓第二廠建置地點，最終選定陳夫人娘家的社子地區（今力泰水泥士林廠旁），成立「陳振吉造船廠有限公司」。當時一位陳家香港摯友馮和斌無償提供資金完成了這個計畫，更有林文生師傅、李清泉師傅、王金良師傅等人大力協助，這些師傅後來都成為在遊艇產業擔任廠長或工班領頭的關鍵人物。無獨有偶，那時一位美國 B29 轟炸機飛官 Douglas Paris 成立遊艇公司 Roughwater Yachts Inc.，希望發展相關事業，找上了過往熟識的陳振吉造船廠合作，引進 FRP 積層技術一同量產遊艇，陳家正式跨入現代遊艇製造領域。

自此陳振吉造船廠的造船尺寸，開始從原本的 25 到 45 呎慢慢增長到 46 到 50 多呎，訂單倍增，財務陳麗香回憶道：「生意太好了，每天只要打開傳真機，就會有十幾封以上的傳真來尋求合作或直接訂船！當時甚至跟富士全錄訂購了一台超過 15 萬元的傳真事務機來應對每天大量的訂單與聯繫！」陳振吉那時更曾說過，做這行真的不需要業務，傳真機打開就會有接不完的訂單。

社子廠外已經整備完成準備下水交船的雙桅帆
船，背景仍能看見當年尚未發展的社子島景象

社子廠時期，船廠不斷擴展業務，精細穩定的做工品質，也讓許多美國船主回購不止一艘船，陳家更記得有一位特別的客戶 Mr. Justice 將船開至關島度假，竟有當地仕紳願出高達兩倍的價錢購買，Mr. Justice 看準商機，做起了跑單幫賣帆船遊艇的生意，陳振吉造船廠的作品因此遍佈關島、塞班島、香港等地。廠長陳永貴與副總陳錦潭笑說有次 Mr. Justice 去香港交船不慎油箱進水損壞，暫停高雄港，他們兩位還特別派員南下前去修船！

1970 到 80 年代，北部造船業務興盛，許多遊艇船廠大多都有兩個甚至三個以上的船廠同時作業；而社子廠旁的水泥廠，大型車輛進出揚起的水泥粉塵亦嚴重影響遊艇製作時的膠殼噴漆或者 FRP 積層的作業過程。隨著廠內業務量越來越大，以及社子島堤防加高工程造成的不便，陳振吉造船廠再次興起遷廠的念頭，期待找到能容納更多產線、地理環境更合宜的廠址。

考量土地取得的難易度，尋尋覓覓臺北內湖、桃園八德等地後，陳振吉造船廠落腳於桃園南崁現址之土地，於 1977 年至 1979 年之間完成廠房建設，包含當時極為現代化的廠房配置、產線規劃以及全臺第一座室內遊艇試水池，另成立「興航實業股份有限公司」。

興航實業的成立亦是標註陳家造船業務精緻化、高價化、客製化的第一步，初期員工僅 50 人左右，原有之社子廠與桃園興航廠併作業約五年後合併，公司規模增加至逾百人，產線以 50 呎左右的遊艇為主，每年產量可達 40 艘以上，船廠運營蓬勃發展、業務蒸蒸日上。

開拓新市場與新合作，穩定挺進 90 年代

1980 年代末期，環境局勢的考驗不斷增加，石油危機、臺幣升值、勞基法實施，北部的遊艇產業面臨極艱鉅的挑戰，許多船廠趕上中國改革開放，大舉西進，但也有船廠無法抵擋這波巨浪—為興航帶來 FRP 技術契機的重要夥伴 Roughwater Yachts Inc. 即止步於 1997 年。興航得以繼續站穩腳步，歸功於 1980 年代中後段嗅到臺幣升值危機後，提早規劃多角化市場經營的先見之明。

1985 年起，興航透過臺灣北部地區與日本的緊密地緣連結，憑藉建造帆船的超群手藝與豐富經驗，穩定拓展日本市場。主力產品是由日本知名設計師澤地繁（Sawaji Shigeru）所設計的 Trekker 38 以及 Sawaji 41 呎帆船，結構與船型師法繁澤地的老師林賢之甫（Kennosuke Hayashi）。林賢之甫為該年代日本國家帆船賽隊設計的造船設計師，偏向競賽型帆船並擁有極佳的卓越性能，在日本深受歡迎，90 年代前後總共有至少四個日本代理協助興航銷售遊艇。

除日本市場外，興航廣發自薦信與合作邀約給過往曾接觸的代理商與船主，其中 Mikelson Yachts 的代表 Mr. Paul 收到信時剛好人正在臺灣，便前來參觀興航的船廠與造船工藝，奠定日後的互助基礎。臺幣升值危機時，他們也協助販售滯銷的 3 艘遊艇，展開了雙方自 1997 年開始至今的合作。1992 年興航亦與德國代理合作，出口動力遊艇，並穩定維持至 2000 年代。多國合作、多線經營的分散風險，讓興航挺過 1990 年前後的大環境危機。

90 年代每年的出口量維持在 7 至 10 艘，到了 2000 年代以後，以客製化與精緻化為主軸，每年的出口數量降至 8 艘左右，主要協助 Mikelson Yachts 代工，並少量出口至德國與日本，雖然出口數量降低，但這些遊艇的單價以及對師傅手工藝的細膩要求程度卻遠高於過去的遊艇。當時主力產製的船型為 Mikelson

陳振吉造船與興航實業是當年少數率先開始
建造動力遊艇的船廠，下水時船主通常會帶
著親朋好友共同參與，照片中為第一艘動力
遊艇在社子廠的下水儀式

美國船主與年輕的陳振吉董事長合影

興航實業桃園廠整地與建廠的過程

43 Sportfisher，相對於其他船廠的船型尺寸小、價格較低，符合美國客戶普遍經濟能力可負擔的範圍，每年銷量十分穩定，因而支持興航安然度過 2008 年的金融風暴。雖在 2010 年後受風暴餘波影響、訂單逐漸減少，不過也因興航整體規模較小，相對沒有像其他船廠承受如此巨大的財務壓力。而那時正式接班的陳家第三代陳冠宇，如同所有的傳統產業一樣，開始帶領興航實業走上轉型的長路。

第三代接班，
以人為本擴展新航向

陳冠宇自幼穿梭在船廠內，與所有師傅有著同家人般的緊密情感，也碰觸、實作過各項造船工種，在 2009 年進入興航編制擔任水電師傅，2010 年接班擔任董事長特助。時年船舶法的遊艇專章拍板定案、隔兩年亦通過遊艇管理規則，陳冠宇看見公司主要生意夥伴與客戶只有倚賴美國的風險，決心拓展國內市場，開創另一線生機。

乘著當時遊艇相關法規開放的風潮，陳冠宇邀請英國知名遊艇設計師 Bill Dixon 合作，自創品牌「H. YACHT」，瞄準中小型客製化豪華遊艇領域，打造十分適合國內海域，配有兩房兩廳一廚一衛、乘載人數可達 14 人的中小型遊艇 L390，至今已經售出 8 艘，是臺灣十分熱門搶手的千萬等級船型。推出符合國人需求的產品外，與通順國際股份有限公司合作，深入專業知識推廣，在全國開設遊艇駕訓課程，讓更多國民能夠認識與接觸遊艇。

與 Mikelson Yachts 1997 年開始至今的合作更持續深化，以穩定興航實業的整體營收，時至今日員工規模約 25 人，每年出口數量約 5 至 6 艘 Mikelson 43 船型，訂單穩定排至下個年度。2019 年時，也透過陳冠宇的努力，興航與澳洲的 Whitehaven 合作，擔任 Harbour Classic 40 的代工；2020 年時也接線上日本廠商洽談 H. YACHT L390 代理。另有拓展消防車體的代工事業，協助外島或者機場的消防隊用 FRP 一片一片組合製作特殊器材車、消防車、設備車、水箱車等，建構多條業務發展支線。

陳冠宇對於興航的用心，不只展現在事業的經營上，更凸顯在培育新人才與呵護老師傅之上。北部缺工的議題，是除了桃園廠位處內陸且不臨水、讓整體造船規模無法像南部船廠一樣觸及百呎以上遊艇的問題之外，這是最讓興航經營困難的一點。

曾花費鉅額、投注心力聘僱超過 10 位無經驗的新人進廠受訓，安排資深師傅帶領，以專注製造 Mikelson 43 船型為媒介，用接近量產的方式期望年輕世代能更容易藉由同樣的產線與船型入行；然而，最後僅一位成功。此一結果對興航

與陳冠宇都是不小的打擊。他明確說道：「遊艇產業中的師傅培養非常困難，造船師傅的工藝對遊艇製造有很大的影響，尤其在北部有非常多其他的工作機會。唯一生路可能只有南移到南臺灣一帶，我想未來十年內北部的遊艇廠都會面臨嚴重缺工。」新人不易養成，陪伴陳家成長的師傅們亦讓陳冠宇無法割捨。他強調時代與生活真的與過往大相徑庭，年輕人不若以前面對的經濟壓力小、船廠的訂單也不再像往常旺盛，如何在維持師傅薪水乃至於生活穩定、以及船廠的獲利與永續經營中取得平衡，是興航現在與未來的主要議題。

陳家三代搭著這艘名為「陳振吉造船廠」與「興航實業」的船，航行近 70 年的水路，越過無數浪頭暗湧，從胼手胝足的手工木造船、引進 FRP 積層技術、轉向精緻客製化的小規模發展，到今日面對的種種課題，做為臺灣造船遊艇的先驅之一，沿途風景匯聚為厚實的底蘊與綿長的底氣，在在反映於陳冠宇對於家業的責任與熱愛，以及踏實勤勉的轉型旅程中。海面無際，定有一條航線等待秉持「誠信至上、品質第一」的興航穿越潮水前來，再次激起令眾人驚艷的浪花。

陳振吉年輕時騎著檔車帥氣的照片

五金與零配件

PART2

Hung Shen Propeller
Solas Science & Engineering
ZF Faster Propulsion System
Man Ship Machinery and Hardware
Aritex Products

追求螺槳極致的單純初心
反求諸己

—— Hung Shen Propeller Co., Ltd.
宏昇螺旋槳股份有限公司

從澎湖、屏東、到全世界，從學徒、老闆、到董事長，這是鄭正義，一位來到高雄旗津發展的年輕人，前行至今的道路。與夥伴家人一同努力，感念產官學各界的支持，從觀察、學習、到自主研發，從漁船、遊艇、巡防艇、軍艦到潛艦，這是鄭正義帶領宏昇全體師傅，對於把螺旋槳做得更好、讓世界看見臺灣的執著。

發跡自對螺旋槳的熱愛

宏昇螺旋槳創辦人、現任董事長與總經理鄭正義，在澎湖七美的鄭家莊出生長大，小時候因家境清苦，因此初中畢業後離開家鄉到高雄學習一技之長，同時也支持家庭經濟所需。

鄭正義最初工作的地方是位在旗津的協益鐵工廠，是當時製造船用主機、重油燃燒機的大廠；他當兵前在廠內學了五年的車床技術與機械製圖，經手許多船用五金與各式設備的製造，其中最有興趣的就是船的螺旋槳。鄭正義到現在講到當年的經歷，還是非常開心地笑著說：「當時日本的螺旋槳拋光打磨之後像是黃金一樣，很漂亮啊！臺灣是不是也能做的一樣呢？」

因此，退伍後就與三兄弟共同集資在 1975 年創立了宏昇螺旋槳；最初創立時只有 4 位員工，且草創初期並未具備研發能力，因此主要業務是找到願意配合的鑄造廠鑄造螺槳之後再進行加工，客戶則是以南部的漁船船東為大宗。一開始鄭正義帶著夥伴參考日本製螺旋槳的設計與做法，起初製造的螺槳船速雖還跟不上日本供應商，不過價格卻只要日本製的三分之一，所以市場依然逐漸擴大。

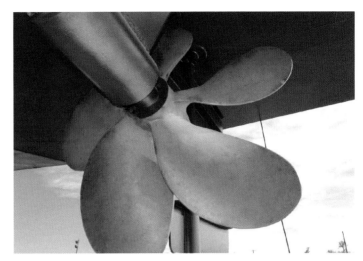

宏昇至今針對漁船與漁民的螺槳提供許多優惠，
感念草創初期時許多漁船船東與漁民的支持

1981 年搬遷至屏東新園現址的宏昇螺旋槳廠房

當時宏昇的客戶也很多西南沿海一帶捕捉烏魚的漁船，因為捉烏魚的船速要快、才趕得上靈活的魚群。原本多數捕烏魚的船東都跟日本代理訂製螺槳，但隨著宏昇技術不斷改良，到了 1980 年代，宏昇螺旋槳跑出來的速度終於超越了日本後，幾乎所有捕烏魚的船東轉成為宏昇的忠實主顧；而為了處理日益增加的訂單，宏昇也在 1981 年搬遷至屏東縣新園現址。鄭正義有點不好意思但驕傲地笑著說：「日本代理商聽說後還不相信，我們也不藏私、直接跟對方解說，隔年日本也推出一樣的產品，但價格還是貴我們三倍，啊哈哈！」

當時幫助他最多的是曾任豐國造船廠長、高雄海專（現改制為國立高雄海洋科技大學）講師的劉老師。留學日本長崎造船大學的劉老師完全不藏私，不僅教鄭正義繪圖設計，還請畢業的學生協助技轉，鄭正義敬重地說：「劉老師說螺槳製造是百年產業，值得好好發展！」

隨著逐漸掌握漁船螺槳的市場與生產技術，恰逢 1980 年代前後的臺灣遊艇製造熱潮逐漸南移，宏昇也開始嘗試踏入遊艇螺槳的製造領域。相比漁船，遊艇螺槳設計全部不同，精度要求更高，也更考驗製造技術，最初也讓宏昇吃了不少苦頭，鄭正義苦笑說：「剛開始出口到美國的螺槳，因為製造的精度與速度都還跟不上，所以遊艇下水開到碼頭後，就馬上被拔掉換成美國製造的，實在很可惜！」

宏昇秉持技術要不斷改良的信念，加上當時嘉信遊艇的莊廠長也鼓勵鄭正義把品質提升，鄭正義笑著說：「莊廠長說價格高沒關係，不要比美國昂貴就好！」如此關鍵的轉捩點，宏昇公司推出了「A計畫」，目標是要達到 ISO 製造精度等級中的第一級，以應對國外遊艇船主對於螺槳性能的講究。「A 計畫」的成功讓宏昇在遊艇業開始有了知名度，訂單也隨之而來。

發展至 1980 年代末，宏昇螺旋槳已從一間旗津小廠發展成為員工超過 20 人、一年生產超過 400 個螺旋槳，成為南臺灣的各類型漁船以及遊艇使用的重要船用螺槳製造廠商。

產學合作譜佳話，頂尖技術搶進軍規市場

時至 1990 年前後，正當全臺遊艇船廠經歷臺幣升值、美國實施奢侈稅等艱困挑戰時，專注製造螺槳的宏昇卻趁勢逐步走出臺灣，開拓外銷市場。那時看著每天都在攀升臺幣，各家船廠急著出船以減少損失、反而加速生產；鄭正義回憶起在高雄的幾間大廠，像是嘉信遊艇、中華造船、東哥企業等，當時趕著出船，每個月總計可以出口近 20 艘遊艇，也讓宏昇因此獲得更大量的訂單。

同時，宏昇開始拓展外銷通路，在亞洲市場透過當時流行的「華宇月刊」登載廣告、宣傳物美價廉的各類型螺槳產品，其中最成功的就是打入了香港漁船市場。看著宏昇商標上的紅色螺槳伸葉，鄭正義笑著補充說：「當時香港漁民都會用無線電相互告知，要買『紅葉』才跑得快啊！」

當時香港漁船與臺灣漁船相同，多採用日製螺槳，但隨著香港代理引進宏昇的

產品，香港漁船船東無不著迷於其相對日製產品便宜、卻具備遊艇等級的精度與性能，讓宏昇的產量倍增至一年超過 800 個螺旋槳。

事業與廠房規模穩定成長，但鄭正義卻沒有放下對於螺槳製造技術的精進。在 1996 年主動申請參與經濟部資助、船舶中心主導的螺槳性能與升級研究計畫，研發費用由經濟部與宏昇共同支出，並在國立臺灣海洋大學進行研發。

除此之外，鄭正義也開始與留學德國柏林大學的柯永澤教授、以及畢業於麻省理工學院的辛敬業副教授討教研究，兩位老師將德、美兩國最先進製造槳技術引進臺灣，讓臺灣的螺槳發展至今可以做到比國際認證的還要優質。

看見產學合作的潛力，宏昇更進一步在 1997 年、1998 年持續參與產學合作與專家學者共譜佳話，在高速艇用螺槳、高歪斜螺槳等領域有顯著的突破；新翼型螺槳的研發成果進一步在 1999 年於西雅圖發表後，也獲得國際船廠爭相採用。

這些研發成果也直接應用於我國海軍與海巡署各種噸級之量產艦艇，包含 1998 年海軍 500 噸光華三號軍艦（12 艘）、2007 年光華六號飛彈快艇軍艦（30 艘）及海巡署建造的臺北艦與南投艦等 80 多艘。

到了 2000 年代初期，宏昇以外銷通路拓展與製造技術革新的雙管齊下交互支援，螺槳精度達到軍用等級，由漁船、遊艇及商船拓展至國內外軍艦的市場，不但支持我國國防工業的發展，也成功開拓全球的外銷版圖。

以軍艦規格對應商船與遊艇的需求，讓全球航行的大大小小船隻上，都可以看見宏昇的螺旋槳，重要客戶包含美國勞斯萊斯等全球知名廠商

渡海設廠，大舉擴充產能

為了對應越來越多的訂單需求、以及國內逐漸增加的生產成本，宏昇決定跨海至中國江蘇省的崑山設廠。鄭正義有些無奈地說：「其實土地在 1993 年就買了，廠房設備也在 1996 年完工，但因為當時的臺海飛彈危機，工程做好就趕快搭飛機回臺，所以一直無法動工！」當崑山廠於 2004 年完工啟用後，宏昇的產量一舉攀升，員工總人數也達到近 300 人。

擴展產能與銷路的同時，宏昇也不曾中斷參與產學研發與科技專案，幾乎每年都有不同研究主題與創新目標，例如：螺槳傾斜、四葉低面積比、五葉新型螺槳、抑制空化等技術都是研發的重點。新的螺槳技術也直接應用在國內的各類型船艇上，像是 2007 年開始量產的 30 艘海軍 200 噸光華六號飛彈快艇，就是使用新型的宏昇第四代新翼型螺槳，船速可高達 35 節。

技術愈趨精良，宏昇螺旋槳的品質也受到全世界客戶與船主肯定，加上 2010 年代船舶環保法規實施之前的全球造船熱潮，外銷通路逐漸延伸至全球 27 個國家，當時重要的客戶包括：美國勞斯萊斯海軍船舶公司（Rolls-Royce Naval Marine Inc.）、德國肖特爾股份有限公司（Schottel GmbH）、日本川崎重工（川崎重工業株式會社）與野馬船舶機械（ヤンマー株式会社）等。

特別的是，即使與這些國際頂級品牌合作，在螺旋槳成品上都還是會看到宏昇的商標；這來自於鄭正義創業的第一天開始，就堅持要有自己的名號，讓宏昇發展至今，不只是做代工、更將代工也做出口碑與品牌。鄭正義說：「我幫忙做可以，但一定要有我的商標，不放宏昇商標就不做！」

宏昇最具代表性的作品之一是 2008 年當時世界最大遊艇－日蝕號遊艇（Eclipse），這艘造價近美金 4.3 億（新臺幣約

宏昇所製造的可變螺距螺旋槳最大可達直徑 8 公尺，照片中為拋光打磨完成的俥葉

130 億元）、長達 162 米的超巨型遊艇上的螺槳正是宏昇的作品。鄭正義自信地說：「日蝕號遊艇螺槳精度已達軍用 ISO 認證 S 等級，能超越國外知名螺槳製造大廠，是宏昇跨國際的一大步！」

窮螺槳之極致，躬逢國艦之盛

面對 2008 年的金融危機，經歷過 21 世紀初期造船熱潮的宏昇，對兩段時期的落差特別有感受，鄭正義苦笑著說：「那是百分百運作的產能直接落到 50% 的差別。」到了 2010 年，宏昇產線上已經幾乎沒有商船螺槳的訂單，僅剩漁船、遊艇的需求，亟需其他造船計畫來維持廠內營運。

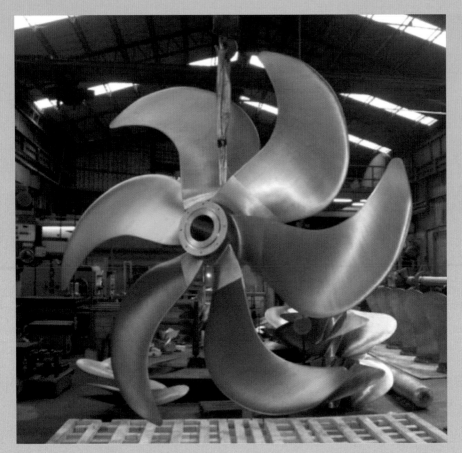

宏昇協助國家實驗研究院打造的海研五號螺旋槳，以達到潛艦之靜音標準、並獲得美國 NEC（Noise Control Engineering Inc.）之認證

宏昇與國立海洋大學柯永澤教授共同研發的擴散型端板螺槳，目前已廣泛用於我國建造的遊艇、軍艦、以及巡防艇上

宏昇製造的擴散型端板螺槳獲得臺灣、美國、歐洲的專利

世界知名的臺灣遊艇船廠嘉鴻遊艇集團就是採用宏昇所製造的擴散型端板螺槳

在這個艱難的時刻，宏昇過去積累的技術實力與品牌價值在此展現，憑藉過往協助我國海軍及海巡署設計與製造優質螺槳的實績，開始承接相關軍艦、潛艦、以及巡防艇的維修、汰換、新造、升級等計畫，加上茄比級潛艦俥葉製新、以及海研船這種需要潛艦螺槳的特殊造船需求，有效地填補了宏昇產線上的空缺。

2015 年時，馬英九總統與行政院院長、經濟部部長等長官親自南下來到屏東新園參訪宏昇，肯定宏昇其對於「國艦國造」的貢獻；後續在 2016 年由蔡英文總統召開的「潛艦國造」會議，宏昇也是列席提供螺槳意見的專業廠商，並在2018 年成為「國艦國造」與「潛艦國造」策略聯盟中唯一入選的螺旋槳廠商。

鄭正義深知在螺槳領域中，技術才是真正的硬實力，因此在獲得國家肯定與國防訂單的同時，始終沒有鬆懈對於技術開發的追求。在 2011 年開始與國立海洋大學柯永澤教授開啟了一系列擴散型端板螺槳（Diffused End-plate Propeller）的研究與開發。在 2021 年更進一步參與經濟部的主題式研發計畫，將開發匿蹤艦艇推進器與所需的高精度製成效能。

擴散型端板螺槳可有效解決噪音問題，可應用在遊艇、高速船、軍用船艇等領域；近年我國造船時使用此類型擴散型端板螺槳的船數已超過 200 艘，實是宏昇與各方產官學研合作努力之成果，在 2021 年也獲得科技部的傑出技轉貢獻獎。鄭正義高興地分享：「我們一起研發的端板螺槳在 2019 年還去義大利發表論文，得到相當好的回應與肯定，此端板螺槳獲得臺灣、美國及歐盟專利，非常值得驕傲！」

應該問我們能為國家做甚麼

「不要問你的國家能為你做些甚麼，而要問你能為國家做甚麼。」美國前總統甘迺迪的這句名言深深的影響了當年國小五年級的鄭正義。宏昇從旗津創業

發展至今近半個世紀，已經成為一間具備 ISO9001 品質、ISO14001 環境安全、ISO45001 職業安全管理系統與 ISO 軍品認證的國際大廠，目前維持穩定員工人數近 130 位，每年產量超過一千多個大大小小不同尺寸與設計的螺旋槳。宏昇正在興建新廠，預計 2022 年（今年）完工，後續可擴大產能以應對國內外的漸增需求。雖然如此，鄭正義仍然不斷的問自己：「我們還能為國家做甚麼？」

宏昇正計畫如何永續經營，開始讓二代接班參與廠內各項事務。目前面對成本持續上升，人才技術斷層，鄭正義與二代也會一起商討解決方案。宏昇會持續技術研發與產學合作，鄭正義強調：「要懂得國際情勢才能更了解國家發展與需求。」面對後勢看漲的螺槳製造與傳承，鄭正義至今依然像是當年初來旗津的小夥子，總是保持克己自律、反求諸己的人生哲學，純真而踏實地，僅僅希望能把螺槳做得更好，如此而已。

[上] 2015 年時，馬英九前總統率團隊南下屏東新園，參觀並肯定宏昇對於國艦國造之貢獻

[下] 宏昇於 2016 年受邀至美國參與第十五屆「臺美國防工業會議」後續也成為「潛艦國造」策略聯盟中唯一入選螺旋槳廠商

宏昇螺旋槳

站上巔峰的世界品牌
走過蜿蜒路途

—— Solas Science & Engineering Co., Ltd.
般若科技股份有限公司

「有能力的人，就應該善用自己的能力貢獻社會。當初因為與同事不合而從臺大出來創業，現在回想起來，真的要謝謝他們，我才能有今日的成就，讓我可以為世界多做一點。」回想整趟創業旅程，林允進認為，人們不應該互相嫉妒攻訐，擁有更多能力卓越的夥伴，才更有機會促進整個公司、乃至於整個社會的進步。

出身沿海農家，
學成歸國任臺大教職

綿延的平坦沙岸，望眼可見時而密集時而疏遠的竹製蚵棚，遍佈漲潮又退潮的波浪中，這裡是彰化芳苑王功漁港，般若科技的創辦人林允進的出生地。1950 年生於沿海農家，從小家境清寒的林允進，胸懷十分富裕的進取之心，從二林國小、員林初中、臺中二中，再到當時的臺灣省立海洋學院造船系（今國立臺灣海洋大學系統工程暨造船學系）。大三那年偶然翻閱雜誌時，發現 1970 年代全球超過一半的商船都在日本建造，林允進興起了留學日本學習更高造船技術的念頭，畢業後也成功考取日本交流學會、扶輪社獎學金前往日本，一路完成東京大學船舶工學科碩士與博士學位。

林允進的博士論文以探討「船尾形狀設計」為核心，依據學理以及計算成果提出改良商船船體設計之嶄新理論，不僅可減少震動噪音、更可將推進效率提升 10%。卓越的研究成果獲頒日本關西造船學會「年度優越論文獎」，後來亦成為當代全球貨櫃船隻的通用設計。

帶著滿腹學識，年僅 30 歲的林允進在 1980 年時自日本回臺，進入臺灣大學造船工程學系擔任教授。醉心於實務研發

chapter
21

林允進老師於台大造船系與大女兒及研究助理在螺旋槳性能
試驗儀器旁合影

與追求技術改革精進的他，卻慢慢地發現，自己與當時校內較為
保守的氛圍格格不入。林允進老師微微苦笑地說道：「我當時負
責管理實驗水槽，看到實驗用的等比縮小螺旋槳精度與製造過程
都非常粗糙，因此動念想申請經費，向德國專家學習當時剛問世
的電腦輔助設計與製造（CAD/CAM），但遭到系上拒絕；結果我
自費跑去上課時，發現其他學校派了好多老師與研究人員。」

而真正讓林允進老師決定離開教職的原因，是一台參加工具機
展覽時買下的螺旋槳加工機器—在傳統銑床機上搭載三菱伺服馬
達、可進行 3D 切削的器械，三菱亦是那時少數開放原始程式碼
讓使用者編輯運用的廠商。他與兄弟姐妹一同湊足臺幣 64 萬買下
這台機器，希望能在系上嘗試研發相關技術，期望至少提升用於
水槽試驗的螺旋槳精度；然而這樣的理念與做法，卻和系上產生
分歧，最終林允進老師選擇遞出辭呈。

一台銑床機，開啟般若科技的序章

1985 年光復節那天，林允進開著一台貨車，載著全家人和機器，
搬遷至臺中北屯肉品市場旁的 80 坪廠房，正式脫離教職創立般若

科技。「那時候我有去打禪七，到了第五天，就認真聽到佛祖跟我說，去創業吧！」他半開玩笑但卻十分認真地說道。

這台 3D 銑床機是般若科技的開端，然而在首次進行鑄造時，廠房周邊的鄰居即群起抗議。因製作砂模需要使用化學藥劑進行硬化，塗有藥劑的模具，遇到高溫銅水時會散出陣陣異味，再加上使用青銅鑄造，熔煉過程更有令人屏息的惡臭。於此同時，夫人蔡秋琦女士也意識到工廠周邊已經逐漸開發成為住宅區，並不適合再做工業生產。好在尋尋覓覓之下，找到一間位於臺中大里的工廠，在會計師朋友及銀行經理的大力相助，於臺幣升值、景氣不佳的局勢中，終以 1,000 萬元貸款成功買下新廠房，般若科技的事業正式啟動。

公司的初始技術，是林允進以學理為基礎，跑遍中部各類型相關企業請益，不斷摸索後才逐漸將廠內的技術與製程定型，最初的主要產品為船用銅螺旋槳。林允進老師回憶道：「當時有一位美國客戶承包 1988 年漢城奧運前的漢江整治工程，向般若採購不鏽鋼螺旋槳，但螺旋槳卻在工程中斷裂，客戶還因此飛來臺北！我那時候很緊張，去見客戶第一句就坦承是砂模品質不佳，應該要改用脫蠟鑄造。後來不僅獲得客戶的原諒，他甚至想要投資般若科技！」

隨著謙和的經商態度與逐漸穩定且不斷精進的技術品質，般若的口碑漸漸傳開，訂單呈直線成長。1990 年前後，曾協助豐國造船製造 8 艘 55 噸級海軍巡邏艇的螺旋槳，調整船速達到標準速率，更優化軍方的設計要求與材質標準。公司在這幾年步上製造船用螺旋槳的穩定軌道，但也在這片紅海打滾的過程中，觀察到國內市場已經飽和，難以和大廠競爭，般若科技需要走出自己的一條路。

專製不鏽鋼螺旋槳，打響國際市場名聲

思索過程中，林允進發覺在歐美市場中，最大的需求來自於舷外機與水上摩托車的小螺旋槳，因此般若科技決定放棄鑄造銅製螺旋槳，轉而專注於運用脫蠟製造技術的小型不鏽鋼螺旋槳。這個決議背後，林允進花費整整一年的時間，編寫 CAD 與 CAM 程式碼，並在 1990 年做出成品，開始參加國際各大展覽，打響名號。此外，般若科技也透過打廣告以及贊助選手等方式，主動開拓歐美客源，當時贊助一位年僅 18 歲的法國水上摩托車選手，在

1995 年般若科技全新落成的臺中廠房

1993 年奪下世界冠軍，更讓 Solas 這個品牌一夕成名。

這些響亮的名聲得來並非偶然，林允進當時為了學習脫蠟鑄造，曾向美國在臺協會（AIT）申請到美國進修，但當時因國際情勢不被允許，直到多年後才得到美方核准得以參加美國精密鑄造學會（Investment Casting Institute, ICI）的課程，從中與同業交流、參訪工廠，進修 5 年方學得這門技術。

彼時，全球最大且市佔率近半數的水上摩托車製造商加拿大龐巴迪公司（Bombardier Inc.）也找到般若科技提出 ODM 需求，協助開發旗下水上摩托車品牌 Sea-Doo 的不鏽鋼螺旋槳，取代原先的鋁製螺旋槳。此舉顛覆了當時整個市場的流行，也讓公司的代工產量在短短 5 到 6 年間達到 12 萬顆螺旋槳，1995 年營業額更是衝到了臺幣 2.5 億元。

與龐巴迪公司合作後，般若科技將工廠由大里移到臺中工業區。同時，日本的山葉發動機（ヤマハ発動機株式会社，Yamaha Motor Company）以及川崎重工（川崎重工業株式會社，Kawasaki Heavy Industries, Ltd.）也開始委託般若科技代工。為消化更多訂單，林允進在臺中工業區買下第二間廠房。

搬遷至大里廠後林允進老師與夫人蔡秋琦在廠房大門合照

般若科技於台中市北屯區草創初期的大門與產品展示

客戶外流專利技術，財務狀況吃緊

而後來臨的 1997 年，卻是般若科技遭遇前所未有挑戰的一年。水能載舟，亦能覆舟，為般若帶來高營收的最大客戶龐巴迪公司，為了不被單一供應商綁住，未經告知即將林允進的設計交給另一間公司代工仿造。般若科技為了捍衛專利與尊嚴，決定與這間代工公司對簿公堂，這場官司不僅纏訟 12 年，最後更是上訴到最高法院才改判般若科技勝訴。

林允進當年不僅對外要處理複雜的官司，對內更要面對仍簽有合約的龐巴迪公司。受限於合約條文，般若科技只能繼續生產與出貨，然龐巴迪卻惡意不支付款項，變相以財務手段強逼林允進讓出專利，最終般若只能忍痛妥協並轉讓專利，「最後我不得不接受該條款，此外也只能卑微地要求龐巴迪至少不能再與那家正在跟我們打官司的臺灣廠商合作。」林允進十分感歎地回憶那段日子。

客戶拖欠款項加上訂單被迫減少，般若科技的營業額在 1997 至 1999 年間，由原本的近 3 億元跌至僅 1 億元臺幣；同時要支付廠內營運以及投資第二間廠房的各項成本與銀行利息，實在是讓林允

般若科技的螺旋槳在翻砂模的沙子中展示

林允進老師創辦的大古鐵器運用精密鑄造的技術可創作華麗但樸實頂級廚具

進捉襟見肘，還好夫人蔡秋琦女士毅然決然選擇將第二間廠房賣掉，才初步解決當時的財務問題。

美國分公司業績飆升，度過營運危機

或許當初告訴林允進放手創業的佛祖，始終都照看著般若。1999 年，出現了轉機的曙光。

早在 1991 年時，為了配合遊艇與船舶設計完成後的螺旋槳契合度測試，般若科技於美國聖地牙哥開設分公司，便於與當地客戶溝通，1995 年亦成立第二間在邁阿密的分公司。

而在 1999 年公司營運最低潮的時候，一位從事美國船用五金事業的代理商 Rick Norgart 主動與邁阿密分公司接觸，表示希望能夠加入般若科技拓展美國市場，雙方在船展上見面詳談後一拍即合。當時 Rick 不僅順利談成數筆訂單，更抓準本田技研工業（Honda Motor Co., Ltd.）不願意採用競爭對手 Mercury Marine 螺旋槳的心態，成功取得 Honda 美國分公司的大額訂單。此外，當時鈴木公司（スズキ株式会社，Suzuki Motor Corporation）旗下的子公司 Suzuki Marine 也來臺灣找般若代工。多方新客源的加入，讓般若科技成功度過龐巴迪帶來的危機，業績更一舉超越過往成績，衝破 5 億元臺幣。

業績回升的同時，林允進亦持續升級技術與製程，例如 2000 年從美國進口射臘機台，並針對新產品需求加以改良、2004 年導入豐田式生產管理系統（Toyota Production System, TPS），降低生產成本，提高產出效率、2006 年建置自動倉儲系統，甚至自行研發多項技術，建造比一般螺旋槳強度更高的產品。

2005 年，美國船用五金大廠 Southern Marine 與 Donovan Marine 也成為般若的客戶。在 2006 年，由原龐巴迪公司中衍生成立的子公司 Bombardier Recreational Products（BRP），亦在得知主要對手山葉和川崎都採用般若科技的產品後，又回頭拜託般若為他們代工。

林允進說道：「我們常常為了客戶的需求甚至是回饋意見，不計成本地修改設計，因為這樣才能真正創造出卓越的品質。」一路走來，透過關注品質、優化技術，持續將產品推陳出新，般若科技高品質但價格實惠的螺旋槳，建立起優良的 Solas 品牌形象，陸續在歐洲、紐澳等地插旗。

般若科技創辦人林允進

第一線鑄造師傅謹慎的澆灌熔湯至模具中

疫情刺激玩船風氣，般若站穩世界龍頭

公司年營業額陸續超過 10 億元臺幣，2009 年時因前一年金融危機影響，跌至 6 億元，但厚實的產品實力與行銷網絡，讓般若在 2010 年即重新回到原有營收水準。後續更在 2010 年代中期上升至近 15 億元臺幣。近年在 Covid-19 疫情籠罩下，歐美富有資產階級被迫宅在家中，反而得空投資、獲得更多閒錢購置船隻，歐美玩船風氣更盛。2021 年公司年營業額突破 20 億，加上其他供應商多因疫情停工，

所有客戶都轉單至般若科技，形成除了 Yamaha 和 Mercury 之外，般若佔有全世界舷外機與水上摩托車的螺旋槳 OEM 市場的新局面。

即使已經站在世界製造螺旋槳的領導地位，般若科技對於技術革新的追求完全沒有停下腳步。與工研院合作「研磨拋光機器人」計畫，在 2019 年以 AI 導入製程，提升加工效率，現已進入第二期計畫，預計增加「線上編程軟體」、「機器人視覺」、「複合型研磨拋光設備硬體」等三項創新專利技術。2020 年應美國客戶要求，自行開發新式 Outboard Jet，可運用在極淺的水域裡，預估一年約有上萬台的商機。2021 年也與資通電腦合作導入 ciMes 系統（Computer Integrated Manufacturing Execution System），推動智慧工廠自動化生產。

持續前行，
在旅程中不止息地開疆闢土

近年林允進在高雄興達港另創立「大方船舶」品牌，以可乘坐 7 至 12 人的鋁合金雙體遊艇為主要產品，此想法來自於過去前往柬埔寨義診時，發現東南亞多島嶼、多河川的地形，需要吃水淺、平價且耐用的小艇。品牌未來發展，希望透過船展與各種多元機會，打入更廣大的東南亞市場。而在造船領域以外，林先生更為了夫人蔡秋琦女士、家人與社會的健康，運用原製作螺旋槳之最高等級脫蠟鑄造技術，創辦「大古鐵器」，專精製造最高品質的鑄鐵廚房器具。

整個林氏家族成員多從事海事與船舶相關產業，林允進的大兒子現也擔任般若科技副總經理，亦是未來的公司接班人。林允進說，接下來的後半輩子預計投入大方船舶的事業，未來更期待嘗試遊艇租賃，讓福爾摩沙的子民們更容易領會海洋的魅力。

「有能力的人，就應該善用自己的能力貢獻社會。當初因為與同事不合而從臺大出來創業，現在回想起來，真的要謝謝他們，我才能有今日的成就，讓我可以為世界多做一點。」回想整趟創業旅程，林允進認為，人們不應該互相嫉妒攻訐，擁有更多能力卓越的夥伴，才更有機會促進整個公司、乃至於整個社會的進步。有開闊無際的心胸視野，更有夙夜匪懈的前行追尋，無論是般若，抑或是全新的品牌，相信永遠充滿能量、蓄勢待發的林允進不會停下步伐，將繼續在人生旅程中闢土、開疆。

讓船舶航行的
是螺旋槳也是對品質的堅持

一艘船航行的速度及性能與其推進系統息息相關，不同船舶的重量和類型搭配不一樣的動力裝置，產生大量推力驅動船隻航行。主要產製螺旋槳的瑞孚宏昌船舶推進系統股份有限公司，如同公司的英文名稱「Faster」，擁有品質絕佳且速度超越市面水準的動力系統。

產學合作，
領先搶進螺旋槳生產事業

創立宏昌的董事長林添水，早年在淡水八里寶島遊艇擔任學徒，學習繪製船體說明圖、船隻結構設計等專業技術，從中發現自己對於遊艇中的五金部分有濃厚的興趣。1970 年代，隨著 FRP 積層技術導入，遊艇產業從北部核心區域逐漸往南發展，眾多遊艇紛紛南遷，在高雄港附近的工業區開業設廠，林添水也在這波浪潮中與友人合夥在高雄小港開設工廠，是當時專攻船用五金的領先業者之一。

延續早期作為學徒的經驗，林添水初期專注於各類型的船用與遊艇五金製造，後來對產品的關注則轉移至船舶推進系統上面，並觀察到螺旋槳在動力裝置中扮演著舉足輕重的角色，認為這個領域十分具有發展性。而原與其他合夥人一同創立的工廠，在共事一段時間後發現彼此理念不合，因此在 1988 年自立門戶，創辦宏昌遊艇事業股份有限公司。80 年代遊艇產業景氣正旺，宏昌順利站穩腳步，事業逐漸步上軌道。

當時的行政院國家科學委員會（簡稱國科會，今科技部）正以建設現代化的國家為目標，推動多項提升全國整體科技發展的中長期計畫，其中一項研究船舶推進系統的科技專案計

chapter

22

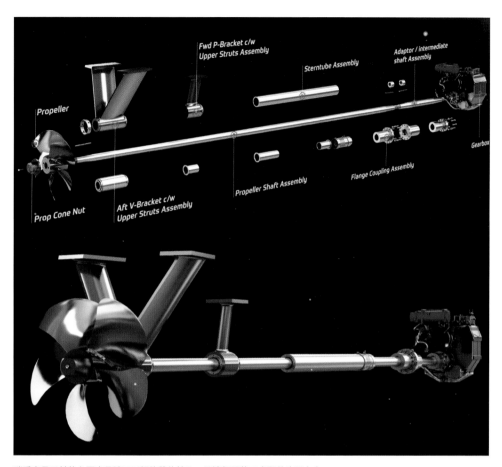

瑞孚宏昌目前的主要產品除了以螺旋槳為核心，周邊相關的五金配件也是主力

畫，即是精進螺旋槳製造技術與研發新式產品。1993 年起，宏昌與國科會此計畫合作，慢慢從各類型的船用五金中，開始轉而專注發展螺旋槳生產事業。

早期的螺旋槳製程大多是鑄造、車孔後直接研磨，很少進行 CNC 加工。對於自家產品有著高精度、高品質的追求，充滿職人精神的林添水卻勇於投入 CNC 加工，不斷學習更高端且更全方位的製造技術，加入官方科專計畫、與業界人士交流之外，林添水也向學術圈—國立臺灣海洋大學系統工程暨造船學系柯永澤教授與國立臺灣大學造船工程學系（今已改制為工程科學及海洋工程學系）討教鑽研，期望將更精密的技術帶入製程中。

與技術同等重要的，即是螺旋槳的製作原料。做為帶動整艘船前進的關鍵機具，螺旋槳一般使用堅固耐用的鎳鋁青銅製作，此類金屬不易生鏽、耐腐蝕，具有穩定的組成結構與極佳的強韌度，只是須從國外進口。林添水除了對於銅料品質十分敏銳，總能挑選到上乘的銅條、銅錠，更擅長觀察及預測國際金屬材料的價格趨勢，有時抓準購買銅原料的時機大量買入，還能比銷售螺旋槳產品獲得更高的利潤。

研發再精進，踏入全球供應市場

90 年代臺幣逐漸升值，臺灣遊艇產業遇到巨大外銷挑戰，開始大量倒閉，相應的船用五金產業、尤其是螺旋槳製造產業，也被迫思考如何轉型應對時局的改變。

一是如何壓低原料成本。進口的原料一直是製造螺旋槳過程中的主要成本，在 1980 年代前後的產業盛況中，臺灣遊艇大量出口，螺旋槳製造公司透過量產進而壓低成本；但因應遊艇規模越做越龐大，加上客船、公務船、軍用船及巡邏艇等，不同的船型需要各自專屬的螺旋槳類型，螺旋槳的尺寸不斷變化與增加，隨著遊艇出口的榮景不再、產量大幅減少，螺旋槳製造公司勢必得另謀其他獲益方式。

二是產業間競爭激烈。那時臺灣專注製造螺旋槳的公司為數不多，國內市場亦十分有限，每家廠商都意識到下一步需做出更明確的產品區隔，並發展其餘外銷客戶。

德國 ZF 集團與宏昌正式合作的簽約儀式

面對時下環境的轉變，以及客製化產品的大量需求，董事長林添水選擇轉型帶領宏昌踏入遊艇、高速船的高端領域，製造高精度、高性能的螺旋槳。

1994 年宏昌取得 ISO 認證，更在 1996 年與聯合船舶設計發展中心（今已改制為財團法人船舶暨海洋產業研發中心）以及國立臺灣海洋大學相關科系，開啟一系列研發案的合作，至今近 30 年的時間，持續研發能回應市場需求的新興產品。學術合作一直是林添水十分重視的一環，如船隻運作時會遇到的空蝕現象（Cavitation，指螺旋槳葉片周邊在高速運動下因動態力不平衡而產生氣泡，氣泡會產生凹痕、加快葉片磨損），宏昌即因參考學術文獻的資料數據，設計出可避免空蝕情形、提升整體品質的螺旋槳。現任研發部經理的吳東立說明：「研究文獻或許在實體生產並無直接的關聯，然而在應用設計上卻是不可或缺的重要依據」。1998 年，林添水禮聘聯合船舶設計發展中心王武雄擔任宏昌總經理，引入工程與管理的概念，爾後也陸續新增了勞工安全與衛生管理系統，塑造更具制度的企業文化。

另一方面，為了開拓海外市場，林添水為宏昌取了「Faster」做為英文公司名稱，來自希望螺旋槳更快更好之意，十分直覺且深具行銷效果，不僅直觀有效地傳達自家商品的價值，也讓歐美客戶印象深刻、琅琅上口。

然而螺旋槳實為具有地域性的產業，臺灣的遊艇廠希望使用臺灣當地的螺旋槳廠商，因螺旋槳和船殼設計必須互相配合，倘若搭配產生問題，遊艇廠需要螺旋槳廠商能夠立即協助調整，同理在美國的遊艇廠也會想用就近的螺旋槳廠商，自然將優先採用鄰近地區的螺旋槳產品。

當時宏昌卻打破此一產業慣例，並成功拓展外銷通路，來自 1999 年與位在美國威斯康辛州的知名遊艇品牌與船廠 Carver Yachts 的合作。Carver Yachts 的產品一直以來多主打高性能中小型豪華與 Sportfishing 遊艇，當時 Carver Yachts 打造了一艘 60 呎的新船模，需要效率與速度加倍的螺旋槳配合。同一時間，來自英國與美國的廠商以及宏昌，各自提供了一份螺旋槳供 Carver Yachts 進行測試。美國廠商號稱擁有百年歷史，但跑出來的速度就剛剛好是 Carver Yachts 設定的目標船速—28 節，而英國廠商稍贏一些，能跑到 29 節，但宏昌應用科專計畫生產出來的螺旋槳，竟堂堂跑到 30 節！這樣的傲人成果不僅取得與 Carver Yachts 的合作，也讓宏昌在國際市場闖出名號，歐美客戶紛紛循著螺旋槳上的 Faster 鋼印，越洋找到遠在臺灣的宏昌寫下一張張的訂單。

研發部經理吳東立於 2000 年進入宏昌，正好是爭取外銷訂單的時候，他笑說：「林老闆其實不太會說英文的，但卻常常

宏昌加入 ZF 集團後，由專業經理人與集團指派代表營運，持續與全體員工堅持做好螺旋槳

出國參加船展與跑業務，林老闆直率開朗的個性搭配注重品質及性能的螺旋槳，客戶常常一看就會下訂。」林添水對螺旋槳性能、速度的堅持與追尋，真實地反映在宏昌高水準的產品之上，即便在售價上比市場其餘品牌貴上二至三成，客戶仍願意買單。而他誠信樸實且平易近人的個性，加上對品質的毫不妥協，讓同行間與許多老師傅都尊稱林添水一聲「添水伯」。添水伯退休後甚至為自己做了一艘帆船「添水號」遨遊大海，更讓業界同行欽羨與讚嘆他的豁達與對海的熱愛。

加入跨國集團，穩定優化公司體質

現今的宏昌全稱為瑞孚宏昌 ZF Faster。ZF 集團源自德國，由齊柏林基金會（Zeppelin Foundation）持有超過 90% 股份，並透過董事會與子公司的專業經理人執行業務。集團主要產品為汽車、傳動與底盤系統，同時涉足海運、國防和航空工業及基礎工業設備，其中遊艇使用的變速箱中，ZF 集團市占率高達八成以上。在 2000 年前後，ZF 集團為了提升海事部門的市場佔有率與產品多樣性，併購全球多間具有代表性與市場獨佔性的公司，在可調螺距螺旋槳

（Controllable Pitch Propeller, CPP）領域選擇併購一間代表性的西班牙公司，而在固定螺旋槳的方面，ZF 集團選中宏昌，積極展開併購業務。

1998 年宏昌曾至中國設立珠海廠，營運相當成功，吸引了當時想打入中國市場的 ZF 集團的注意，後續更是因為與 Carver Yachts 的突破性合作，讓集團決議併購。宏昌如林添水一手拉拔的孩子，他做了全面調查與審慎思考，確認 ZF 集團以基金會管理，並不會隨意處置子公司，更幾乎完全不干涉子公司營運，因此決定與 ZF 合作，成立瑞孚宏昌 ZF Faster。

加入 ZF 集團的宏昌，國內市場業務量持續穩定，外銷業務則大幅增加，帶動公司業績直線成長，而林添水也逐漸將業務交由時任總經理的王武雄。出身船舶中心並曾參與磐石艦等軍艦的螺旋槳設計的王武雄，不僅對工程科學與管理極富心得，亦是螺旋槳製造的專家。經理吳東立則是出身造船學系，熟悉船舶與螺旋槳設計，但對螺旋槳其餘翻砂模、鑄造、拋光、清洗等細節製程並非專業，在進入宏昌後跟隨林添水、王武雄兩位董事長，以及工程師葉國榮等資深同仁觀摩學習。

2008 年遊艇產業迎來再一次的經濟危機。面對金融海嘯，加入 ZF 集團的瑞孚宏昌因海外客戶增加，相對其他業者受到的影響程度較小，原有承造公務船、商用船的穩定計畫也為公司帶來經濟緩衝。然為了應對環境變動，宏昌依舊在原有持續革新的製程上加大改革與創新力度，尤其是鑄造與加工製程的調整，試著優化模具的精準度，減少耗費的原料以及後續加工時間，此一改良帶來的助益影響至今。

2014 年，宏昌的所有股份正式交由 ZF 集團持有，林添水與王武雄也接連退休，公司現由集團董事會以及專業經理人經營。30 餘年前，公司創辦初始只有不到 10 位員工，最初加入 ZF 集團時的員工數量約為 32 人，至今已擴展到 50 幾位夥伴，業務不但全球插旗，營業額更超過 1 億以上，其中外銷訂單佔比

高達近八成。目前主要產品為螺旋槳，佔總產值六成左右，其他則是車心、軸架、舵系統等船用五金，增加產品多樣性與整體性，以利應對市場變動。

品質的堅持，
貫徹於世代的期許

持續升級生產技術與精進產品品質，是瑞孚宏昌不變的核心價值。從早期主要靠師傅研磨、手工處理 CNC 機台與鑄造成品的誤差，到今日使用自動化機械，甚至是 3D 雷射影像辨識，透過非接觸式技術找出成品中需要再加工之處。未來仍是以朝向更精緻化、更高科技的生產製程革新為目標，期能引進機器手臂進行自動研磨、焊接等，甚至導入 3D 列印金屬的技術。吳東立說明，臺灣遊艇與船用五金產業若要更上一層樓，產業自動化是必須專注改革與改善的根本，瑞孚宏昌的螺旋槳製造也是朝向此目標前行。

而技術進步的另一面則是逐漸產生的人才斷層，尤其在車床、CNC 銑床以及鑄造流程，因高熱且充滿粉塵的工作環境，無法吸引年輕一輩加入。吳東立有些感嘆地說道，投入遊艇與船用五金產業雖不容易賺到高額的財富，工作過程可能較為單一，然而所獲得的皆是最後能走向世界頂端的知識，未來可應用於其他產業，持續發展。

無論如何，吳東立依舊相信，科技會發展，人才也同樣會推陳出新，他充滿熱忱與期待地說：「雖然新一代不太能忍受單調無趣的基本功，但新世代的人才創造力總是源源不絕，能對既有的做法提出新想法，期待未來能有更多新的製程出現」。

瑞孚宏昌從產品核心理念到企業制度文化，皆是名符其實的推進系統，對於品質的永不妥協與技術的革新追求像轉動的螺旋槳，推動瑞孚宏昌前進，不僅僅是獨步全球的商品，保有不斷精進的渴望將帶著這艘大船，劈風破浪地航行，永不止息。

基層起家　成船舶業堅實後盾

―― Man Ship Machinery and Hardware Co., Ltd.
　　銘船機械股份有限公司

談起臺灣遊艇產業，完整堅實的供應鏈是享譽國際的致勝關鍵，以生產遊艇五金配件為主的船舶零件廠――銘船機械，其製造的白鐵舷窗在全球市佔率高達 70%，對白鐵艙蓋與白鐵沙龍門等船用五金產品了解的業內人士，都會大讚其高超的技術和品質，實為推升臺灣成為遊艇王國不可或缺的堅強後盾。

從基層歷練，看準時機切入船用五金

銘船機械股份有限公司董事長黃益利是典型的基層出身，出生於澎湖的他，畢業於臺灣省立澎湖高級水產職業學校經營科（現已改制為國立澎湖高級海事水產職業學校），當兵時在高雄擔任機械士，才開始對機械五金有初步了解。

退伍後，黃益利透過大洋遊艇常務理事阮振明（前大新遊艇董事長）介紹，1973 年進到大洋遊艇上班，擔任倉庫管理員，負責大量造船材料的採購與管理，其中最大宗的就是船

黃益利董事長創辦的大鹿機械，是當年南部遊艇船廠的重要供應商

chapter

23

用五金。在這過程中，也因緣際會認識了五金商大老闆郭金居董事長。

看準了機會，黃益利私下透過郭金居董事長招募大洋同事、並物色備有機械設備的工廠，計畫投資創業成立船用五金廠；後來集結了許多遊艇界的老闆，共同成立了大鹿五金，主要的業務是快速地供給船用五金給大洋，並逐步拓展南部遊艇界的市場。

提起這段淵源，黃益利語帶驕傲地說，「當時可能有 70% 的產品需要從國外進口，剩下 30% 則向國內購買，購買的廠商都在北部，高雄都沒有，因此我看到這點發展的潛力。」

大鹿機械成立後，黃益利仍繼續在大洋擔任倉管，二年內每天大洋遊艇下班後，晚上都會到大鹿機械租賃的工廠指導技術與監管品質。而大鹿遞交大洋的五金產品，如有任何品質不佳或尺寸落差，都會被公私分明的黃益利退回，並在下班後馬上到大鹿五金廠內糾正調整並重新生產，要求達到 100% 品質合格才能放行。

然而，後來大鹿主事的董事長因經營不見起色，欲退出經營，加上黃益利也不想再同時身兼大洋與大鹿的職位，以避免經手採購上的公私利益衝突，造成他人的誤會。

早期生產過程需要第一線員工大量親力親為，現今多數已自動化或電氣化

因此黃益利毅然決然從大洋遊艇離職，並轉任大鹿五金的總經理。他苦笑地表示，「那時候創立大鹿五金一股要 10 萬，是我傾家盪產籌到 4 萬元，再加上郭金居董事長主動借款 6 萬元，湊足 10 萬元投入，如果不做大鹿五金的話會血本無歸！在大鹿我待了 4 年，幫公司賺了很多錢，股價也從 10 萬成長到 120 萬！」

沉潛後再出發，奠定市場地位

時間推進到 1980 年代初期，大鹿五金決定重整人事結構，黃益利也在這個時候離開大鹿五金，回到了澎湖。沉澱思考了兩個月，他決定重新投入船用五金製造產業，在兄弟姊妹的支持下，1982 年於公司現址創立了銘船機械，同時基於道義與市場策略，也不做與大鹿五金重複的產品類型。

草創初期的前 2 年，黃益利埋首於廠內研發產品、設計機台和改良製程，直到第 3 年才親自駕車載運產品到北部，沿著淡水河邊一家一家的遊艇廠親自去推銷。

銘船創立初期的主要產品是白鐵舷窗及白鐵艙蓋，當時主要只有義大利的一間公司生產這類型產品。義大利的做法是開模製作，客製化程度較低、彈性空間也不大；而銘船則是採用鈑金技術，利用金屬片的組裝與形狀調整，能適應各種遊艇設計上的需求，不僅整體成本低、彈性大，速度又很快，使得銘船機械的產品廣受國內船廠喜愛與採用，公司逐漸自立自強。

然而，創立短短不到幾年後，就遇到 1990 年代的臺幣升值，造成臺灣遊艇產業的全面危機，幸好銘船

機械以鈑金技術打造的船用五金產品，具有價格與客製化優勢，已率先取得國內市場主導地位，也建立起國外代理管道，因此受到的衝擊有限。

緊接著到了 1994 年，銘船機械與 Hood Yacht Systems 展開正式合作，這一事件也讓銘船真正站穩腳步。

Hood Yacht Systems 是美國非常有名的帆船運動員與造船設計師 Frederick Emmart "Ted" Hood 所成立。Ted Hood 在 1960 至 1970 年代，是美國專門製造帆船帆布的專家，還曾經駕駛勇氣號（Courageous）打敗澳洲隊的南十字星號（Southern Cross），贏得了 1974 年的美洲盃（America's Cup），

之後更成立了 Little Harbor 這個知名的遊艇品牌。

而 Hood Yacht Systems 則是負責製造 Ted Hood 夢想中帆船應有的繩索、帆布、以及桅杆系統，包含前桅杆支架索（Headstay）與捲帆器（Furler）等等，而他們委託製造的合作夥伴正是銘船機械。

Ted Hood 曾多次親自到臺灣拜訪銘船，因為這份情誼，加上對黃益利經商誠信的肯定，後來便將所有捲帆器的訂單都交給銘船生產，更進一步代理銘船的所有產品銷售全美。黃益利說，「做生意一定要先找個『主公』，打好基本盤，再去開拓其他業務。」

Hood Yacht Systems 委託銘船製造的捲帆器系列、及代理銘船機械白鐵舷窗與白鐵艙蓋的產品型錄

美國知名帆船運動員與造船工程師 Ted Hood 與黃益利董事長交情十分深厚

專注品質提升，
堅守誠信經營方針

一直以來，除了最基礎的船用五金製造技術逐漸與同業拉出差距外，銘船機械也持續改革製程。黃利益都會親自參與研發和製程與機台設計，在拆解製程的每個階段中，也讓每個員工專精於個別流程，進而提升工作效率，同時快速訓練人員。

再加上合作夥伴和衛星工廠可生產更專業的零組件，讓銘船機械只要專注於鈑金、焊接、拋光的整合組成，就可用更低的成本快速完成各戶需要的產品。

此外，銘船也漸漸在國際上打響名號，開始從美洲進入歐洲、中東、紐澳市場，甚至曾經協助韓國現代重工建造遊艇，一次供給超過 30 艘各式 40 幾呎遊艇的各類型船用五金，如今銘船機械的白鐵舷窗、白鐵艙蓋在全球市佔率可達70%，像是美國邁阿密、羅德岱堡船展上大部分的白鐵舷窗、白鐵艙蓋都是由銘船生產。

黃益利半開玩笑地說，「我們的生產模式是這樣，中國客戶下訂要馬上匯錢，我們才開始生產；面對歐洲客戶，我們出貨時，客戶就要匯錢進來；面對美澳客戶，我們的產品送達一個月後，客戶再匯錢進來；面對臺灣客戶，可以延遲3 個月再匯款！」

因為平常穩定經營且客戶遍及全球，銘船機械幸運躲過 2008 年的金融危機，整體營收業績沒有太大變化，僅僅受到些微的影響，靠的是堅持本業將產品做好，不做其他投資，並秉持穩健中求革新和誠信至上的經營方式。面對國際上同業的競爭，以及發展中國家的崛起，銘船至今仍保持「做好最基本的事情」的精神，讓客戶、代理、船廠等各方生意夥伴大家一起賺錢。

展望下一個 50 年！
穩定中求發展

隨著科技進步，船銘也不斷更新技術，例如引進 CNC 雷射切割，取代過往多道切割工序，以大幅縮短生產時間。即便如此，黃益利沒有因此調整售價，整體價格仍取決於工資和原物料價格，把自己的利潤顧好就好，多的也不多拿。

穩健經營的同時，銘船機械現在已由二代全權接班，與國內外遊艇廠仍持續保持良好的合作關係，並將業務擴展到全世界美洲、歐洲、亞洲、澳洲四大生產遊艇地區，擁有 20 家代理商之國外據點。

銘船機械最新的產品目錄

MAN SHIP

MARINE SPECIALISTS

2006 2 19

chapter 23

像是美國知名遊艇廠 Hinckley Yachts 以及澳洲頂級遊艇品牌 Riviera 就是銘船的長期固定客戶。近年來許多船主簽下新船訂單，讓國內外的遊艇業務穩定成長，也直接帶動銘船機械走得更豐富、更長遠。

目前銘船機械員工約 70 人，並且仍在創廠的現址營運，但內部設備與空間已歷經多次更新。黃益利自豪地說，「銘船創立初期有 20 幾個員工，這些老員工至今還有 18 位仍在服務，公司持續穩定，因此流動率也低。」

公司雖然不缺人，但為了因應臺灣年輕世代不願意從事高勞力密集的工作，銘船機械仍有引進外勞。由於製程已拆解到十分精細，即使是沒有經驗的外勞受訓三個月後也可以獨立站上生產線。

望向廠內的生產線、展望事業未來，黃益利仍是充滿信心，他的眼神十分肯定，因為是來自於從業以來的努力不懈與人生哲學，「我相信在未來 50 年內，銘船機械依然屹立不搖！」

回首這個待了半個世紀的船用五金產業，黃益利董事長深遠地說，「不管學歷高低、金錢多寡，只要你肯努力，用心、誠信，從基層也會有到老闆的一天。」

[上] 銘船機械出品的白鐵沙龍門極為精美優雅，可配合全球各類型頂級遊艇進行安裝
[下] 銘船機械的白鐵舷窗、白鐵艙蓋是創業以來的重點產品，照片中為安裝在遊艇上之實景

踏實而堅定的成功總和

—— Aritex Products Co., Ltd.
緯航企業股份有限公司

製作遊艇的過程中，船用五金乍看只是配角，但這些不起眼的零件們其實是決定每艘船完工與否的重要關鍵；而品質優良統一、做工精細與否則是撐起一艘豪華遊艇的必要條件。即便世界各地船用五金製造商比比皆是，但歐洲高級豪華遊艇製造商為何僅獨鍾緯航？又為何世界各地的遊艇，幾乎都用上了緯航的產品？

緯航董事長曾信哲將自身踏實且沈穩負責的個性帶入了自家船用五金，產品嚴謹且講究，這一顆顆小螺絲便是如此堅定地旋入了全世界的遊艇行列裡，一齊與船主水手們在海上遊歷穿梭。

兄弟攜手創立緯航

出生於屏東的曾信哲，高中時就讀國立屏東高工機械工程科，畢業後因學業成績不甚理想未繼續升學。1983 年，曾信哲在姊夫以及龔炳煌（時任嘉信遊艇的業務經理、現任隆洋遊艇董事長）的介紹下，於嘉信遊艇內承租部分廠房、成立緯航企業，並開始承包嘉信遊艇的五金業務。曾信哲說：「那時候五金就兩三個人配上基本的設備就可以做，一家船廠給你做、業務就做不完了！」

隨著業務量增多，曾信哲將工程學系畢業的弟弟楊信育找回公司，待楊信育熟悉五金製程與業務後，再逐漸調轉至管理職；而曾信哲則是一直在第一線擔任參與五金製作與技術研發，期間持續超過30年，直到2010年左右才慢慢退居管理。

有鑒於訂單逐日增加、製程上開始需要更多的空間，緯航便於 1980 年代末開始尋找新廠房，適逢遊艇製造產業聚集的大發工業區內有業者正欲出售工廠，曾信哲遂將廠房移往大

創立 ARITEX 品牌，背後所代表的不僅是口碑、更是責任。照片中為董事長曾信哲與緯航出品、幾乎一人高的超巨型遊艇繫繩柱合影

發工業區。緯航遂從一間原本只有寥寥兩三個人的小承包商，發展為超過 30 位員工的船用五金製造廠，客戶也從國內船廠拓展至歐美等地，業務範圍順利擴張。

將 ARITEX 成功推向全球

遷廠至大發工業區的時代背景正好經歷 1990 年臺幣升值，面對國內船廠大量結束營業而造成訂單大幅減少影響，緯航曾跨行到建築營造，供應相關產品以維持工廠營運。受惠於當時公司規模並不大，且生產大多為船用五金、客戶多為國內船廠，與其他船廠相比在應變上較為靈活彈性，也就平順地度過這波臺幣升值危機。

在與遊艇產業交流的過程中，曾信哲深知遊艇產業為全球性貿易產業，若只在臺灣耕耘將無法跟上市場趨勢，市場也相對侷限，因此緯航在穩定產線後即開始積極尋找歐美代理商，當時不熟稔商場汪汪大洋裡水深火熱的緯航，一開始也吃了一些悶虧。

1990 年代初期，緯航積極爭取全球船廠訂單，與之合作的一家荷蘭代理商負責整個歐洲的銷售市場，隨著緯航的規模逐漸擴大，荷蘭代理商卻開始擔心客戶會直接與緯航接觸，因此在爭取歐洲各大船廠、甚至是全球頂尖的超級遊艇造船廠德國 Lürssen Yachts 的訂單時，荷蘭代理商以緯航的名義出貨，但提供的卻是非緯航製造的五金產品。

遠在臺灣的緯航持續被蒙在鼓裡，直至出國參展後與客戶相遇，對方生氣地表示交付的五金品質不佳且工期不斷延遲，這才讓真相大白，後續緯航也將代理權收回。曾信哲略顯無奈地說：「那時候我們就跟船廠說，不然你設計圖給我，我們重做並等船廠滿意後再付款，品質不好不付沒關係！」後續船廠收到產品後非常滿意。自此之後，緯航自有品牌的名聲才真正做起來，也成為頂尖船廠 Lürssen Yachts 至今唯一不在歐洲的供應商。

因不想再重蹈覆徹，緯航在 1996 年創立 ARITEX 品牌，目標是走入國際市場，讓全世界的遊艇船廠能夠認識這間來自臺灣、做頂級遊艇五金的工廠。對曾信哲而言，與遊艇船廠的品牌相比，遊艇五金的品牌價值其實並不是那麼重要。由於遊艇製造是一個「整合」的過程，將上百萬個零件整合成一個在海上的頂級藝術品，船主也許會說我買的是美國品牌、臺灣製造的遊艇，但不會去細究每個船上的零件是來自何方，船用五金的品牌價值只會在船廠間流傳、並非廣為世人所知。

然而，創立 ARITEX，代表的不只是船廠之間傳頌的口碑，更是緯航想要主動承擔的責任，因為品牌表達的是願意負起產品一切責任的象徵。從製造時開始的品質要求、準時交貨、售後服務與保固、出了問題的後續賠償等，這些都是豎起品牌之後加諸在每位夥伴肩膀上的責任。「一艘百米遊艇的欄杆上可能有上千個螺絲，到今天，緯航應該還是世界唯一一間五金廠，可以不用到現場，做好寄過去，每個螺絲都可以準確鎖好。」曾信哲難掩豪氣但也透露出謹慎神情地說：「這要負擔的責任真的很重大。」

除了將代理收回、自創品牌以外，緯航也著墨於技術研發與拓展通路。緯航很早就引入電腦輔助工程繪圖與分析等 ICT 技術、大量投資自動化設備，更主動投入許多專利技術的研發，像是減少 30% 體積與重量卻可創造同樣乘載力的雙向鋼，都是讓緯航逐漸站穩世界頂尖五金廠的硬實力。此外，自 1990 年中期開始，緯航開始參加美國與歐洲的國際遊艇與設備展，例如：羅德岱堡船展、荷蘭海事設備展（METSTRADE）等，主動接觸船廠爭取訂單，楊信育笑著說：

「我們的品質不輸外國廠商、價錢更加便宜，只是缺一個管道銷售。」

到了 2000 年代，緯航已成為臺灣、歐洲、美國、澳洲等各頂尖船廠的重點供應商，提供全面且客製化的產品，並且以遊艇五金為核心，拓展至設備金屬外殼、汽車工業等事業。2008 年時，緯航已經超過 500 位員工，訂單多到需要每天加班到 12 點，營業額超過 8 億元臺幣，曾信哲笑著說：「之前船主想要在船艏做個老鷹、還有船主想要做類似 Jaguar 標誌的獵豹，問遍了全世界就還是只能找到我們來做。」

以頂尖實力迎向世界變局

早早走出臺灣打入國際市場、以責任與名聲建立口碑的緯航，於 2008 年的金融風暴中，在營業額上雖受到不少衝擊，但整體來說，依然能持續穩健地營運。曾信哲說：「世界的變動對緯航其實沒有那麼直接的影響，我們只要有遊艇在做就有訂單，而且我們也不只是做臺灣的遊艇。」

憑著堅實的技術實力與全球廣大的銷售通路，2010 年代緯航持續與許多最頂尖的遊艇船廠合作。像是在 2010 年由美國 Derecktor Shipyards 所發表、美國造船

船用五金產業通常有很深的地緣關係，而緯航企業是少數打進歐美市場供應鏈的廠商，
圖中由德國 Amadeus 船廠所打造的 70 公尺超巨型遊艇，船上的五金產品正是由緯航所供應

美國造船史上最大遊艇，由 Derecktor Shipyards 所製造的 281 呎 CAKEWALK，
船上三米多葫蘆狀金屬甲板柱正是由緯航製作，在現今緯航的陳列室中仍能看見同款的產品

史上最大的遊艇、281 呎的 CAKEWALK，船上高達三米多葫蘆
狀金屬甲板柱就是由緯航開發製作，以及許多名人與皇室的遊
艇，如：阿拉伯王室、Apple 創辦人 Steve Jobs 等人的遊艇上，
都能找到緯航產品的身影。

緯航不僅是從製作遊艇的層面，以供應最高品質的五金產品來
協助臺灣船廠發展，也直接參與了將臺灣遊艇產業從代理商的
品牌幕後到推上世界舞台的過程。因應 2014 年的臺灣遊艇展，
時任遊艇公會理事長、嘉鴻遊艇集團的呂佳揚執行長，聯合了
緯航及嘉信遊艇共同投資了高雄市第一個世界級的亞灣遊艇碼
頭，並作為舉辦 2014 年臺灣遊艇展的水泊展示區，至今緯航
依然是亞灣遊艇碼頭的重要投資與支持者。曾信哲說：「臺灣
遊艇產業未來一定要整合，才能在國際上有機會。雖然我做全
世界船廠的生意，但還是希望臺灣的遊艇產業可以更好。」

人才斷層與大環境變遷

即便緯航沉著地渡過 08 年金融風暴以及後續的餘波盪漾，但人才的流失與斷層問題使緯航的生產成本逐年攀升，公司規模也必須有所調整。當年發生金融風暴讓整體訂單下滑，許多優秀員工有經濟上的需求，雖有固定薪資，卻因為獎金減少而決定另尋出路，再加上不少資深的現場師傅適逢金融危機期間沒訂單可做，索性順勢退休。

緯航企業很早就看見資訊科技與技術革新的重要，
投資許多精密設備與專利研發，持續保持在業界的領先地位

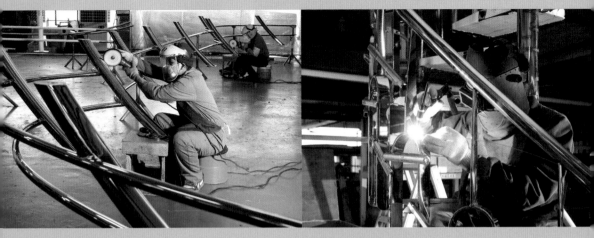

做到全世界最頂級遊艇的船用五金，師傅的手藝不僅講究精準細緻的製程，許多時候更是已經進入藝術與創意的領域

隨著景氣回升，緯航陸續聘請新的師傅回來，但技術與態度已經與原有師傅不同；且 1990 年代開始的教育改革，讓整體教育制度忽視技職、以及政府將科技業作為產業發展重心，讓多數年輕人走入大學、遠離藍領，製造業的人才斷層影響也在此時出現。曾信哲曾帶員工去德國參加拋光比賽，臺灣人拋得又快又好，技壓群雄順利拿下世界冠軍，曾信哲就問員工說：「你這麼厲害，兒子也帶來一起練啊！」結果員工苦笑說：「兒子不喜歡啦，他覺得拋光沒用、做了全身又髒ㄎㄎ。」

人才問題難解，而若把視角拉回技術層面來思考，如何透過自動化設備去解決問題則成了近年的經營重心。像是緯航

集團旗下專門生產可拆式活動工具櫃與升降式電動工具桌、供應給美國大型賣場的合信聯合，成了集團策略轉變的第一步。因中美貿易戰移出中國的合信聯合，原本欲前往越南設廠，但集團認為在臺灣建廠並自動化製造設備，可讓生產成本在 5 年後壓得更低。曾信哲分析：「自動化設備最大的成本在折舊，5 年後我就折舊完了，但如果去越南，員工的薪水是天天在漲。」

雖逐步踏入自動化的製程，但師傅的重要性目前仍無法被自動化取代，緯航起家的遊艇五金不僅講究精準與流程、更是一門藝術領域的工作，尤其緯航的訂單都是來自全球最頂尖船廠，品質要求嚴謹細膩，新進人員需要培養超過 3 年

緯航企業設立於大發工業區的廠區，已從原有的小廠房發展成為相關企業集團的總部，
其中還設有展示區陳列藝術品般的頂級船用五金產品

以上才能獨立作業。而近年疫情雖然帶起的遊艇熱潮，讓訂單詢問不曾斷過，但因為人才流失與員工觀念改變所直接衍生的效率、品質、產能等問題，實在無法承接更多的訂單。曾信哲無奈地說：「現在的訂單我全部接下來的話，可以回到08年以前的營收，但不是沒工作的問題，是沒有人能做的問題。」

曾信哲雖然憂心於未來臺灣遊艇五金製造產業發展，同時也強調每個世代有自己獨立發展的模式，過去可能要幾十年的現場積累才能練成的手藝，現在可以透過電腦輔助找到解決之道。即使科技能加速產業發展，曾信哲還是期待未來掌握遊艇製造與五金產業的年輕人，要能夠傳承與融合過往師傅的第一線經驗，再運用新時代科技加以創新，曾信哲淡淡的笑著說：「畢竟我們在現場已經做幾十年了。」

古語「十年磨一劍」，而緯航五金的幾十載功夫則成就了讓商品廣銷全球，成功的要點除了建立在從商基本的誠信仔細外，曾信哲還認為是因為臺灣人有著「投機取巧」的個性，臺灣人靈活的個性與頭腦擅長解決問題，剛好適合做單一客製化的遊艇與船用五金。從製作商品時的踏實謹慎、到從商的誠信與臺灣人的靈巧根性，便能總合出獨步全球的亮眼成績，曾信哲自信地說：「世界沒辦法製造的遊艇五金，臺灣還有50%的機會可以製造，臺灣遊艇五金可以算是真正的世界第一！」

結語 ——— 乘載全世界的 臺灣遊艇產業

臺灣遊艇產業，奠基於淡水河畔與北海岸的木造船產業，在短短的數十年間蛻變昇華，讓「Taiwan」成為談論豪華遊艇時，國際船主必定提到的國家，更常伴隨著「Impressive!」、「Great Quality.」等深刻的詞彙。

駐臺美軍對於海洋生活的追求，遇上臺灣傳統木工的深厚實力，成為推動遊艇產業這艘大船下水的浪潮。FRP 技術的引進以及與美國市場連為一體，則是撐起桅杆上主帆的綿長鋒面。

隨著船廠製造主力轉變為動力遊艇，並遭遇 1990 年前後的內外挑戰，業界調整銷售市場重心，走向客製化、大型化的高附加價值船型，此舉是促使這艘大船開創 2008 年前鼎盛世代的螺槳。

頂住海嘯後，各家船廠與五金廠蛻變成熟，因應發展脈絡推行全球品牌、大型集團、獨特代工、特殊船型、以及多元化發展等營運策略，破浪而出的臺灣遊艇產業精彩紛呈。

不過，一如過去數次業界的巨變，在國際船主喜好改變、國內看見玩船生活開端的現在，製造交織服務的挑戰開始出現；而那始終隱身於幕後的國內外政經與產業變化，也依然正在推動著臺灣遊艇產業再一次做出轉型。

遊艇生產的突破轉型

過往說到臺灣遊艇產業總是會強調獨特的高度客製化能力，然而，在現今國內成本上漲、產能不足等挑戰面前，以及在國外船主喜好需求的改變驅策下，這項衍生自早年以木工優勢配合船主要求修改的策略，反而成為船廠與五金廠經營的兩難。

在國內外環境改變的狀況下，未來必須轉型走向專業分工與數位製造，以客製化的實力配合組合式工法，實行計畫性生產。不過，這樣的轉變，不僅僅是對於數位技術與高科技設備的開發應用有高度的要求，對銷售端與設計師的考驗

也更為嚴苛，需要更快速地掌握船主喜好與市場風向，整合行銷、設計、生產等環節而主動出擊。

再者，造遊艇強調的實為師傅的手藝，但現場人員培養極為不易，像是水電師傅需要 1 至 2 年才能出師，木工則更是最少需要 3 到 5 年，才能來討論是否已成為夠資格獨立「做艙」的師傅；而面臨國內的少子化、教育政策、經濟方針等時空條件的變遷，目前現場已出現人力招募困難與斷層的長遠隱憂。

眼下的經濟環境與消費習慣已與當年遊艇產業起飛的時代不同，順應時下青年的生活方式，提供相對應的保障與適切的工作環境，是傳承業界寶貴技術與經驗的鑰匙。對於未來遊艇船廠與五金廠的經營，平衡現場員工的薪資與生活穩定、船廠獲利，以及永續發展，將是最大的課題。

致敬卻無法親近的臺灣海洋

臺灣作為一個遊艇活動並不興盛的國家，卻具有獨步全球的遊艇生產能力，可說是世界上最為獨特的遊艇產業群聚。源於早年戒嚴時的海岸與海洋管制，造成生活在四面環海的臺灣人從事海洋與船艇活動的比例極少；而大環境的不允許，讓更少人願意投入，這些紛亂與不合時宜的權責單位與法規，也更缺乏民意修正，產生惡性循環。時至今日，對於絕大多數臺灣人而言，「遊艇王國」僅為產經名詞，「海洋國家」亦只是地理狀況之描述。

雖然近年國內的遊艇活動逐漸發展，但相比歐美日澳、甚至是東南亞，不僅是熱絡程度還有顯著落差，於政策、法規、行政機制、教育、到大眾認知，從根本上仍有許多地方需要重新思考。

解嚴至今超過 35 年，國人搭乘遊艇進出各港口，即使目的地是臺灣管轄海域與離島，仍需接受海巡弟兄點名、甚至是翻看船艙的檢查 ／ 資料來源：筆者攝於高雄港第二港口的海巡署中和安檢所

美國佛州羅德岱堡，有著與高雄旗津類似的地理環境，但發展模式卻截然不同；當地面外海的海灘聚集了五星級飯店與高檔餐廳，面城市的內港水岸則是佈滿了別墅、遊艇碼頭、及修造船廠 ／ 資料來源：筆者攝於 2019 年羅德岱堡國際船展

姑且不論購買遊艇的法規、稅金等前置規範，國內硬體面上的開放港口稀少、泊位不足、周邊設施缺乏，以及軟體面的管理機制過時、泊靠規則不一、不合理的進出港安檢等問題，都直接讓業者投資困難且成本高昂，也讓船主買船後無港可停、無處可去，更讓一般民眾對於船艇生活望之卻步。

除此之外，相對於真正海洋國家對於水岸的珍視，臺灣主管機關對於海岸線價值的不理解而頒布的限制，直接地扼殺了國內水岸的開發潛力；媒體對於遊艇生活的奢華渲染，也扭曲了船艇生活原屬於大眾的本質。

根據 2020 年的統計資料，美國國內至少有超過 1,100 萬艘船隻登記為娛樂使用，但其中 95% 長度小於 26 呎（約 7.9 公尺），許多價錢甚至不到百萬臺幣，可直接用拖船架停在自家後院，代表了遊艇並非富豪專屬，而是一般民眾都可以企及的休閒活動以及生活方式。

臺灣海域的「遮罩」勢必得打開，不僅是促進國內遊艇服務的發展，更是要讓船艇與海洋生活存於國人的日常脈絡，才能直接帶動國人願意投入造船產業，也讓船舶工程師掌握玩遊艇的精髓而提升設計實力，進而促使臺灣遊艇產業再次進化。

航向真正的海洋國家

當國際上越來越需要製造與銷售端緊密結合、也隨著在國內遊艇服務漸進開展，臺灣遊艇產業更加貼近服務，或許方式有所改變，但不變的是協助船主追求海洋的夢想，提供造船、維修、改裝、買賣、進口、領牌、考照、遊程等服務。

產業昌盛不僅是取決於業內的競爭實力，可與歐美日澳一較高下的臺灣遊艇產業，很多時候需要的更是大環境的開放許可。並非期待公部門主動傾斜資源，而是至少在產業發展時，能有合理、明確、一致、且貼近現實的政策規範，讓臺灣這些造遊艇的師傅、玩遊艇的前輩，有空間大展身手。

臺灣的地理位置優越，位於南北來往東亞、橫跨太平洋的繁忙航線交會點，結合國內完整產業鏈的優勢，可發展成為亞太地區重要的遊艇維修中心，以及遊艇停泊基地，能有效帶動臺灣遊艇產業的製造端更加貼近國際市場。

此外，臺灣各地及離島海域，皆具有獨特的海域環境，可提供多樣性的海洋與船艇活動選擇，如果配合進出港規範正常化、各港口轉型開放、河海水岸開發鬆綁，將能想見許多閒置的漁港與海線土地，停滿遊艇而蓬勃發展，支援性產業一如遊艇管理、保養、融資、保險等相關行業也將隨之興旺。

臺灣遊艇產業的堅實網絡，具備承接全球頂級遊艇來臺保養、維修、改裝的實力。2009 年時任船東代表的王壯猷，就曾協調了美、澳、南非、波蘭的船組員，由美國佛州將長達 161 呎的超級遊艇 Aurora，運來臺灣上架 / 資料來源：王壯猷總經理（CY Wang）

臺灣擁有適合得天獨厚的絕佳海域，可提供各類型的海洋活動選擇，如能配合適當政策制定與法規鬆綁，將是東亞地區最適合遊艇活動的目的地之一 / 資料來源：筆者攝於小琉球周邊海域

2020 年我國政府頒布了「向海致敬」政策，揭示了臺灣邁向海洋國家的重要里程碑。回歸根本，如何讓政策落實到教育的厚植與生命的體現，才是帶領國民領略海洋每個面貌的實際作為；其中，當然包含了遊艇生活。

筆者紀錄臺灣代表遊艇船廠與船用五金廠的發展脈絡，從製造出發、瞭望服務端的發展，梳理我國遊艇產業進程，無非是希望有更多臺灣人能理解產業真相，也燃起登上臺灣遊艇產業這艘大船的夢想。因為「遊艇王國」的稱號，以及每間遊艇船廠與船用五金廠「成功詩篇」，從一開始就是臺灣人一起航向海洋的奮鬥故事。

住在海島臺灣的人民，理應是海洋的子民，而船艇正是我國國民了解海洋最重要的載具。善用臺灣多變有趣的海岸與海域，開展適合全民化使用的船艇碼頭與遊艇活動，深耕未來的造船人才與玩船的消費市場，將是臺灣遊艇產業發展的重中之重。

航向全世界 臺灣遊艇王國的成功詩篇 / 李伯言著 .
-- 初版 . – 臺北市：臺灣遊艇工業同業公會，巨流，
2022.08
　　ISBN 978-626-96470-0-2(精裝)

CST: 船舶工程 2.CST: 產業發展 3.CST 臺灣

444　　　　　　　　　　　　　1110212676

航向全世界 臺灣遊艇王國的成功詩篇

作者	李伯言
策劃出版	臺灣遊艇工業同業公會
發行人	龔俊豪
企劃督導	張學樵
編輯團隊	高仁山、李宇文、吳薇安、吳亭縈、林均穎、郭于菁 陳妤岑、陳泉潽、陳怡樺、陳貞蓉
地址	106415 臺北市大安區敦化南路二段 59 號 14 樓之 3
電話	02-27038481、02-27541744
網址	http://www.taiwan-yacht.com.tw/
信箱	twnyach@ms32.hinet.net
美術策畫	原民文創企業社
美術排版	Lucas
印刷	麗文文化事業股份有限公司
地址	802019 高雄市苓雅區五福一路 57 號 2 樓之 2
電話	07-2236780
傳真	07-2233073
出版年月	2022 年 8 月（初版一刷）
定價	1500 元（精裝）
ISBN	978-626-96470-0-2